EN 1991-1-4 设计指南
Eurocode 1：结构上的作用

第1-4部分：一般作用——风荷载

[英]N.库克

欧洲结构设计标准译审委员会 **组织翻译**

管青海 都 浩 **译**

陈桂斌 陈 蕾 **一审**

李 珂 **二审**

人民交通出版社股份有限公司

北 京

Translation from the English language original, by arrangement with Thomas Telford Ltd.

图书在版编目(CIP)数据

EN 1991-1-4 设计指南 Eurocode 1:结构上的作用. 第1-4部分:一般作用——风荷载/(英)N.库克著;管青海,都浩译. —北京:人民交通出版社股份有限公司, 2020.4

ISBN 978-7-114-16203-9

Ⅰ. ①E… Ⅱ. ①N… ②管… ③都… Ⅲ. ①建筑结构—建筑规范—欧洲 Ⅳ. ①TU3

中国版本图书馆CIP数据核字(2019)第295695号

著作权合同登记号:图字01-2019-7659

EN 1991-1-4 Sheji Zhinan Eurocode 1:Jiegou Shang de Zuoyong Di 1-4 Bufen:Yiban Zuoyong——Feng hezai

书　　名: **EN 1991-1-4 设计指南　Eurocode 1:结构上的作用　第1-4部分:一般作用——风荷载**
著 作 者: [英]N.库克
译　　者: 管青海　都　浩
总 策 划: 朱伽林　韩　敏　孙　玺
责任编辑: 李　喆　钱　堃
责任校对: 刘　芹
责任印制: 张　凯
出版发行: 人民交通出版社股份有限公司
地　　址: (100011)北京市朝阳区安定门外外馆斜街3号
网　　址: http://www.ccpress.com.cn
销售电话: (010)59757973
总 经 销: 人民交通出版社股份有限公司发行部
经　　销: 各地新华书店
印　　刷: 北京虎彩文化传播有限公司
开　　本: 880×1230　1/16
印　　张: 5.5
字　　数: 181千
版　　次: 2020年4月　第1版
印　　次: 2020年6月　第2次印刷
书　　号: ISBN 978-7-114-16203-9
定　　价: 400.00元
(有印刷、装订质量问题的图书,由本公司负责调换)

出 版 说 明

包括本设计指南在内的欧洲结构设计标准(Eurocodes)及其英国附件、法国附件和配套设计指南的中文版,是2018年国家出版基金项目“土木工程欧洲规范翻译与比较研究出版工程(一期)”的成果。

在对欧洲结构设计标准及其相关文本组织翻译出版过程中,考虑到标准的特殊性、用户基础和应用程度,我们在力求翻译准确性的基础上,还遵循了一致性和有限性原则。在此,特就有关事项作如下说明:

1. 本设计指南中文版根据托马斯·特尔福德有限公司(Thomas Telford Ltd.)提供的英文版进行翻译,仅供参考之用,如有异议,请以原版为准。

2. 中文版的排版规则原则上遵照外文原版。

3. Eurocode(s)是个组合再造词。本设计指南及相关标准范围内,Eurocodes特指一系列共10部欧洲标准(EN 1990 ~ EN 1999),旨在为房屋建筑和构筑物及建筑产品的设计提供通用方法;Eurocode与某一数字连用时,特指EN 1990 ~ EN 1999中的某一部,例如,Eurocode 8指EN 1998结构抗震设计。经专家组研究,确定Eurocode(s)宜翻译为“欧洲结构设计标准”,但为了表意明确并兼顾专业技术人员用语习惯,在正文翻译中保留Eurocode(s)不译。

4. 书中所有的插图、表格、公式的编排以及与正文的对应关系等与外文原版保持一致。

5. 书中所有的条款序号、括号、函数符号、单位等用法,如无明显错误,与外文原版保持一致。

6. 在不影响阅读的情况下书中涉及的插图均使用英文原版插图,仅对图中文字进行必要的翻译和处理;对部分影响使用的英文原版插图进行重绘。

7. 书中涉及的人名、地名、组织机构名称以及参考文献等均保留外文原文。

特别致谢

本标准的译审由以下单位和人员完成。天津城建大学的管青海、山东科技大学的都浩承担了主译工作,中国电建中南勘测设计研究院有限公司的陈桂斌、中国电力工程顾问集团中南电力设计院有限公司的陈蕾、重庆大学的李珂承担了主审工作。他(她)们分别为本标准的翻译工作付出了大量精力。在此谨向上述单位和人员表示感谢!

欧洲结构设计标准译审委员会

欧洲结构设计标准译审委员会总体组

组　　　　长：余顺新（中交第二公路勘察设计研究院有限公司）
成　　　　员：（按姓氏笔画排序）
　　王敬烨（中国铁建国际集团有限公司）
　　车　铁（大连理工大学）
　　卢树盛［长江岩土工程总公司（武汉）］
　　吕大刚（哈尔滨工业大学）
　　任青阳（重庆交通大学）
　　刘　宁（中交第一公路勘察设计研究院有限公司）
　　宋　婕（中国建筑标准设计研究院）
　　李　顺（天津水泥工业设计研究院有限公司）
　　李亚东（西南交通大学）
　　李志明（中冶建筑研究总院有限公司）
　　李雪峰［上海市城市建设设计研究总院（集团）有限公司］
　　张　寒（中国建筑科学研究院有限公司）
　　张春华（中交第二公路勘察设计研究院有限公司）
　　狄　谨（重庆大学）
　　胡大琳（长安大学）
　　姚海冬（中国路桥工程有限责任公司）
　　徐晓明（航天建筑设计研究院有限公司）
　　郭　伟（中国建筑标准设计研究院）
　　郭余庆（中国天辰工程有限公司）
　　黄　侨（东南大学）
　　谢亚宁（中设设计集团股份有限公司）
秘　　　　书：李　喆（人民交通出版社股份有限公司）
　　卢俊丽（人民交通出版社股份有限公司）

Eurocode 设计指南系列

Eurocode 设计指南:结构设计基础 EN 1990（第 2 版）. H. 古尔班尼西亚,J. -A. 卡尔加罗, M. 霍利基. 彭君义,郭骞,译. ISBN 978-7-114-16202-2. 2020 年 4 月出版.

Eurocode 1 设计指南:桥梁上的作用 EN 1991-2,EN 1991-1-1、-1-3 至 -1-7 和 EN 1990 附录 A2. J. -A. 卡尔加罗, M. 楚米,H. 古尔班尼西亚. 任青阳,刘浪,译. ISBN 978-7-114-16210-7. 2020 年 4 月出版.

EN 1991-1-4 设计指南 Eurocode 1:结构上的作用 第 1-4 部分:一般作用——风荷载. N. 库克. 管青海,都浩,译. ISBN 978-7-114-16203-9. 2020 年 4 月出版.

EN 1992-1-1 和 EN 1992-1-2 设计指南 Eurocode 2:混凝土结构设计 一般规定、房屋建筑规定和结构防火设计. A. W. 毕比,R. S. 纳拉亚南. 李元松,孙莉,刘波,译. ISBN 978-7-114-16211-4. 2020 年 4 月出版.

EN 1992-2 设计指南 Eurocode 2:混凝土结构设计 第 2 部分:混凝土桥梁. C. R. 亨迪, D. A. 史密斯. 徐腾飞,胡志坚,冀伟,勾红叶,译. ISBN 978-7-114-16212-1. 2020 年 4 月出版.

Eurocode 3 设计指南:房屋建筑钢结构设计 EN 1993-1-1,-1-3 和 -1-8(第 2 版). L. 加德纳, D. A. 内瑟科特. 王敬烨,黄羿,译. ISBN 978-7-114-16213-8. 2020 年 4 月出版.

EN 1993-2 设计指南 Eurocode 3:钢结构设计 第 2 部分:钢结构桥梁. C. R. 亨迪, C. J. 墨菲. 常江,贺君,蒋根龙,译. ISBN 978-7-114-16204-6. 2020 年 4 月出版.

Eurocode 4 设计指南:钢与混凝土组合结构设计 EN 1994-1-1(第 2 版). 罗杰 · P. 约翰逊. 赵灿晖,占玉林,译. ISBN 978-7-114-16205-3. 2020 年 4 月出版.

EN 1994-2 设计指南 Eurocode 4:钢与混凝土组合结构设计 第 2 部分:一般规定和桥梁规定. C. R. 亨迪,罗杰 · P. 约翰逊. 狄谨,秦凤江,徐骁青,译. ISBN 978-7-114-16206-0. 2020 年 4 月出版.

Eurocode 5 设计指南:房屋建筑木结构设计 EN 1995-1-1. 杰克 · 波蒂厄斯,彼得 · 罗斯. 杨会峰,凌志彬,译. ISBN 978-7-114-16214-5. 2020 年 4 月出版.

EN 1997-1 设计指南 Eurocode 7:岩土工程设计 第 1 部分:一般规定. R. 费兰克, C. 鲍德温,R. 德里斯科尔, M. 卡瓦达斯, N. 克富布斯 · 奥维森, T. 奥尔, B. 舒伯纳. 张寒,等,译. ISBN 978-7-114-16215-2. 2020 年 4 月出版.

Eurocode 8 设计指南:桥梁抗震设计 EN 1998-2. 巴兹尔 · 科里亚斯,麦克 · N. 法迪斯,阿兰 · 派克. 卫璞,王巍, 徐良晋,译. ISBN 978-7-114-16217-6. 2020 年 4 月出版.

EN 1998-1 和 EN 1998-5 设计指南 Eurocode 8:结构抗震设计:一般规定、地震作用、房屋建筑规定、基础和支挡结构. 麦克 · 法迪斯, E. 卡瓦略, A. 尔纳斯海, E. 费西奥利, P. 平托, A. 普鲁米尔. 沈文爱,译. ISBN 978-7-114-16216-9. 2020 年 4 月出版.

前言

《Eurocode 1:结构上的作用　第 1-4 部分:一般作用——风荷载》(EN 1991-1-4)是结构风荷载的首要标准,它描述了结构上设计风荷载的计算原则和要求。它满足《Eurocode:结构设计基础》(EN 1990)的要求,并为 Eurocode 2 ~ 9 结构设计中涉及风荷载的内容提供参考。

本指南的目标和宗旨

本指南的主要目的是为用户提供关于 EN 1991《Eurocode 1:结构上的作用 第 1-4 部分:一般作用——风荷载》的解释和使用指南,对将被相关国家附件引入的一些预期修改进行了说明,并特别就英国国家附件(征求意见稿)中提出的修改进行了说明。与英国国家应用文件(NAD)有关的一些问题可在其正式出版前得到解决。

本指南的编排

EN 1991-1-4 包括前言、第 1 章 ~ 第 8 章以及由 6 个附录组成的第 9 章。本指南第 1 章 ~ 第 8 章对应 EN 1991-1-4 的 8 个章。本指南前 8 个章节的编号顺序对应 EN 1991-1-4 的条款编号顺序。本指南第 9 章对应 EN 1991-1-4 的 6 个附录。此外,EN 1991-1-4 和英国国家附件的相关条款编号列于页边空白处,用以对应注释。

直接从欧洲标准中引用的内容用斜体表示。EN 1991-1-4 中的公式和图仍然保留其原编号。而作者编写的公式和图的编号,均加了前缀 D(表示设计指南);例如,第 4 章的式(D4.1)。

致谢

英国国家应用文件(NAD)起草小组的其他成员对 EN 1991-1-4 进行了分析和校核,如果没有他们,本指南不可能完成。为了准备在英国实施 Eurocode,这些成员贡献了他们的时间和专业知识来协助英国标准化协会完成此项工作。

目录

第1章　总则

本章涉及《Eurocode 1：结构上的作用 第1-4部分：一般规定：风荷载》（EN 1991-1-4）的通用部分。本章内容参见EN 1991-1-4第1章的下列条款：

- 适用范围　*条款1.1*
- 规范性引用文件　*条款1.2*
- 假定　*条款1.3*
- 原则性规定与应用性规定的区别　*条款1.4*
- 试验与实测辅助设计　*条款1.5*
- 定义　*条款1.6*
- 符号　*条款1.7*

1.1　适用范围

EN 1991-1-4《Eurocode 1：结构上的作用 第1-4部分：一般作用——风荷载》（EN 1991-1-4）旨在给出所有地面结构的风荷载标准值，包括整体结构或结构的某一部分（例如墙、屋面）及结构上的附属构件（例如烟囱、挑篷）。英国先前使用的各类结构的风荷载标准值如下：

- 包含在对应结构的相关标准中（如桥梁标准BS 5400、建筑标准BS 6399-2[1]格构塔与桅杆标准BS 8100）；
- 为设计人员指定了用于风荷载标准值的"首要标准"（通常指BS 6399-2[1]），并规定了如何将这些荷载应用于构件（例如用于石板瓦和盖瓦的BS 5534）。

因此，EN 1991-1-4旨在成为所有地面结构的基础规范，但这几乎是不可能实 ***条款1.1(3)***
现的。因为不同类型的结构需要不同类型的风荷载信息。设计桥梁时需要有关风荷载沿桥梁长度方向水平变化的信息，而设计桅杆则需要有关风荷载沿桅杆高度方向垂直变化的信息。当结构处于动态时，需知道阵风荷载的频谱；但在静态设计时，只需要最大荷载标准值即可。

然而，EN 1991-1-4第1版只包括高度不超过200m的建筑和跨径小于200m的桥 ***条款1.1(2)***
梁。它没有包含建筑的扭转振动、横向脉动风引起的桥面振动、缆索承重桥梁以 ***条款1.1(11)***
及基本振型外的结构振动。条款1.1(12)的注指出：*"国家附件可以给非矛盾性* ***条款1.1(12)***
*补充信息提供这些方面的指导。"*但实际上，欧洲标准化委员会（CEN）起草国家附

件(NA)，不允许引入任何新信息，只允许引用非矛盾性补充信息(NCCI)(请参阅下文 1.4 中关于原则性规定与应用性规定的区别的讨论，以便更全面地描述国家附件内容的限制及术语“非矛盾性补充信息”的含义)。桅杆和格构塔上的风荷载均被单独列出并包含在 EN 1993-3-1 中，而灯柱被包含在 EN 40 中。英国国家附件的 2.1 是指背景文件[xx]和两个外部参考文件[15,yy]。

英国国家附件2.1

EN 1991-1-4 的初始版本必须与拟建结构所在国家的国家附件配合使用，否则无法实施。国家附件提供了与地理相关的数据和指导，如设计风速图、国家标准值的选择、国家定义参数(NDP)和其他未商定的设计方法的选择，以及满足当地建筑法规和法律所需的规定。在预计为 5 年的“共存期”内，欧洲标准和国家附件将与已存在的国家标准(BS 6399-2[1])并行存在。只要能就尚未解决的分歧问题达成一致，在“共存期”末国家标准将被废止，国家附件将被纳入欧洲标准的主体，进而完成“统一”过程。同时，EN 1991-1-4 的用户需要阐明拟建结构所在成员国(而不是设计人员居住的成员国)的国家附件中定义的补充和例外情况。

实际上 EN 1991-1-4 和相关的国家附件组合成为一个“国家标准”，它对每个成员国来说都是不同的——尽管根据欧洲标准需要采用共同的方法和结构。然而最终结果离提供适用于所有成员国的“统一”规定还相去甚远，这也是不可避免的。考虑到全欧洲各地的风荷载强度差异很大，因此与其他作用相比，风荷载的重要性也各不相同，这反映在每个成员国的不同监管框架和设计实践中。

显然，本指南为所有国家附件提供说明是不可能的。因为国家附件数量巨大，且编写本指南时这些国家附件均尚未完成。可是阐明英国国家附件是有可能的，并能以此为例说明国家附件将如何修改和增加欧洲标准的规定。特别是本指南将说明欧洲标准和英国国家附件在方法上的某些根本性差异，这凸显了要在有巨大差异的各成员国之间达成一套通用方法的难度。

有两种根本性差异会立即显现：

- 欧洲标准通过采用简化近似值来简化实施过程，而这些近似值会带来不必要的误差。尽管其中一些误差会补偿其他误差，但这些近似值带来的误差通常是保守的。此外欧洲标准的方法包括非常复杂的公式，因此还容易出现计算误差。
- 英国国家附件没有做简化假定，而是使用当前最佳方法，即应用图表中查到的系数，这样只需要简单的加法和乘法即可得到所需的结果。

条款1.1(4)
条款1.1(10)

由于任何地区的基本气象信息很大程度上依赖于当地气候和区域地理条件，因此欧洲标准要求在国家附件中给出此信息，或在主体文本中给出国家标准值。英国国家附件中的气象数据仅限于发展完善的风暴体系，不包括当地的热效应，如龙卷风和狭管效应。这里的狭管效应指的是风吹向山谷的狭管效应，而不是相邻建筑之间的狭管效应。其他国家附件预计将包括对设计至关重要的局部效应，特别是在受下降(重力)风影响的山区。

欧洲标准以**资料性附录**的形式提供了某些必要信息：

- 附录A给出了地表类别的图表、粗糙度类别之间的过渡规定、地形规定(丘陵、悬崖等)和迎风建筑的效应。 *条款1.1(5)*

- 附录B、C和D分别为某些类型的结构提供了两种备选的计算方法和图解法,用于确定结构系数 $c_s c_d$,该系数用于描述风荷载作用下结构尺寸和动力效应。 *条款1.1(6)* *条款1.1(7)*

- 附录E给出了涡激响应的规定,包括两个备选计算方法,以及其他气动弹性效应的指导。 *条款1.1(8)*

- 附录F给出了线性结构动力特性的指导,包括基本固有频率、振型和阻尼。 *条款1.1(9)*

这些**资料性附录**的属性和备选方法的必要性反映了成员国之间无法就非常基本的规定达成一致的情况。欧洲标准化委员会(CEN)起草规定要求国家主管部门将所有**规范性附录**作为一个整体采用或拒绝。不允许采用附录的某些部分或"优先"个别条款,即要么全部采用,要么全部拒绝。但是,可以预期的是,国家主管部门将利用标准文本中允许国家选择的众多条款来规避这一限制,即国家主管部门可以采用国家标准值或自行选择的建议值,在极端情况下也可以重新编写整个附录,从而改变它的某些部分。

CEN的规定也限制国家主管部门将欧洲标准和国家附件合并成一个统一的文件来供成员国使用。尽管这似乎是一个明智的解决方案,但CEN的规定似乎更多地受到"协调性"政策的驱动,而不是实践性应用的驱动。因此,有必要观察哪些成员国会遵守这一规定。在默认只保留一个文档的情况下,用户可以进行的最有用的操作是通过在欧洲标准中条款的空白处写入国家附件的条款编号来加以注释,表示该条款被国家附件修改或重写。这将完善国家附件中引用的欧洲标准的条款,提供两个标准之间的完整交叉参考。

如前所述,相关国家附件和欧洲标准形成了每个成员国不同的"国家标准"。**因此,EN 1991-1-4的用户必须时刻注意成员国国家附件对欧洲标准的增加或补充。** *重要提示*

1.2　规范性引用文件

EN 1991-1-4中引用了其他Eurocodes中一些详细条款,具体如下: *条款1.2*

EN 1990 Eurocode:结构设计基础

EN 1991-1-3 Eurocode 1:结构上的作用　第1-3部分:雪荷载

EN 1991-1-6 Eurocode 1:结构上的作用　第1-6部分:施工荷载

EN 1991-2 Eurocode 1:结构上的作用　第2部分:桥梁上的交通荷载

如果文本中的引用文件标有日期,则设计人员**必须**引用指定的版本。

凡是不注明日期的引用文件,设计人员**必须**引用最新版本。

实际上本条款要求设计人员能够获得所有相关的Eurocodes结构设计文件,其中大部分可能与大多数设计无关,甚至可能需要同时拥有现行和以前日期的欧洲标准版本——例如,条款 1.3(1)P 引用自 EN 1990 现行版本(未注明日期,因此是指现行版本),而条款 1.4(1)P 引用自 EN 1990 的 2002 年版本。此外,每个 Eurocode对于每个成员国都需要配置不同的国家附件。这可能是设计人员的噩梦,他们习惯于在一个独立文件中查找结构设计所需的所有信息,例如英国标准 BS 5400。

1.3 假定

条款1.3(1)P

EN 1990 中 1.3 的假定适用于 EN 1991-1-4,这些假定如下:

"由具有相应资格和经验的人员选择结构体系和进行结构设计";

"由具备相应技能和经验的人员进行施工";

"在设计和施工期间(例如在工厂、车间以及现场)进行充分的监督和质量控制";

"采用的建筑材料和产品符合EN 1990 ~ EN 1999 或相关施工标准、相关材料或产品规范的规定;"

"结构得到充分维护;"

"结构按照设计假定使用。"

这些假定的含义在《EN 1990 设计指南 Eurocode:结构设计基础》[2]中进行了讨论。但是可以注意到,使用 EN 1991-1-4 设计的建筑的最终业主或用户必须意识到他(她)实施维护方案并确保不会发生超载的责任。举一个实际的例子,假定选择性主导孔(洞)在承载能力极限状态或正常使用极限状态保持关闭,例如飞机库的主门,则需确保将在强风中正确关闭出口的责任移交给业主/用户。在英国,这对建筑的业主/用户提出了新的要求。

1.4 原则性规定与应用性规定的区别

条款1.4(1)P

EN 1990:2002 中 1.4 的规定如下:

"原则性规定包括没有备选项的一般陈述,以及不允许有备选项(除非有特殊规定)的要求和分析模型。"

"原则性规定通过在条款编号后加字母'P'来标识。"

"应用性规定一般是指遵循原则性规定且满足其要求的公认的规定。"

"如果能够证明备选规定符合基本原理,并且至少能证明该规定与使用 Eurocodes 时所期望的结构安全性、适用性和耐久性的要求相当时,设计人员允许使用不同于EN 1990 中应用性规定的备选设计方法。"

注:"如果一个备选规定取代了一个应用性规定,那么尽管设计结果也符合 EN 1990 中的原理,但不能声称其完全符合 EN 1990 的规定。当按照列于产品标准附录 Z 或 ETAG(欧洲技术认证指南)的性质使用 EN 1990 时,备选设计规定的使用可能得不到 CE 标志的认可。"

"EN 1990 中的应用性规定用带括号的数字来标识。"

假定 EN 1990 的以上规定都适用于 EN 1991-1-4。

设计人员**必须**遵循以下规定，即标有“P”的条款，如果使用“应”一词，则表示不能被替代。在其应用性规定使用“宜”或“可”表示有其他选择的情况下，设计人员不被要求必须遵循该规定。如果设计人员选择遵循其他规定，那么他/她有责任证明其他规定与 Eurocodes 在安全性、适用性和耐久性方面的要求是等效的。但是在选择遵循完全符合要求的其他规定时，设计人员不能宣称设计完全符合欧洲标准的规定。

国家附件不可能解决这一问题，因为欧盟委员会的指导文件《Eurocodes 的应用和使用》[3]中规定：

“国家规定应避免替代欧洲标准规定……”

并且*“即使在共存期结束后，当国家规定可能偏离 Eurocodes 的规定或其不适用于某些条款（如应用性规定）时，设计将不能被称为‘符合 Eurocodes 规定的设计’。”*

注意“应”表示允许更换，但当国家附件被纳入欧洲标准时可能“应”的实施会遇到困难。

虽然最初选择用原则性规定和应用性规定的区别来鼓励设计创新，但是条款1.4(1)P 的要求显然有助于妨碍相关机构、用户或个别工程师的创新。然而《EN 1990设计指南》[2] 指出，虽然使用替代规定会导致在授予产品 CE 标志时出现问题（例如对于大量制造的标准化结构），但是它“适用于单个设计”（例如独特的建筑）。

在任何情况下，Eurocodes 允许使用“非矛盾性补充信息”来补充标准给出的信息。期望设计规定包括结构的每种可能形状是不合理的，因此，使用其他形状的力系数也是适用的。因此，没有包含在欧洲标准中的信息，如不规则形状的力系数则自动成为“非矛盾性补充信息”。除非欧洲标准特别允许，包含在欧洲标准中的信息不能矛盾。然而这种非矛盾性补充信息可能不会被纳入国家附件，但是必须作为一个独立的文件发布，供国家附件参考。这是最合乎逻辑和最方便的方法，但也增加了设计人员需要使用的相关文件的数量。

一旦 EN 1991-1-4 开始实施，每个相关机构将使用什么标准来遵循以上规定仍有待观察。以往的经验表明，英国将严格执行欧洲标准的规定，不考虑最佳做法或常识，而其他成员国可能采取更务实的做法。

1.5　试验与实测辅助设计

经相关主管部门批准，设计人员可以通过如下方法获取荷载和响应信息：　*条款1.5(1)*

- 风洞试验　*条款1.5(2)*
- 经验证和/或适当的数值方法
- 适当的全尺寸数据

前两个选项需要*"结构与自然风的合理模型"*。英国建筑的"相关主管部门"是建筑管理部门,而在某些情况下(例如在施工期间)是健康与安全部。

这些规定反映了国家标准中的类似规定,但与欧洲标准不同的是,这些国家标准(如 BS 6399-2[1])给出了判断合规性的必要准则。由于这些规定并不是原则性规定,因此如果不禁止使用替代性应用性规定,国家附件可以制定适当的关于合规性的判断准则。使用 EN 1991-1-4 的 1.5 中 3 种试验数据唯一要注意的事项是*"相关管理部门的批准"*。

英国国家附件2.2

为避免人们不断向相关管理部门询问,英国已将上述注意事项解释为对使用替代性应用性规定的一般禁令的豁免,并将满足要求的基本准则列入了英国国家附件中。这些准则与 BS 6399-2 中关于建筑的准则相同,但其现在也适用于桥梁和其他结构。背景文件[××]中给出了进一步的指导。

1.6 定义

除了 EN 1991-1-4 中的具体定义外,ISO 2394[4]、ISO 3898[5]、ISO 8930[6] 和 ISO 8402[7] 中给出的定义也同样适用。这是一个非常大的列表,因此对其中的任何特定的定义进行评论都是不合适的。设计人员应参考 EN 1990 的 1.5,了解适用于欧洲标准的基本定义列表,尤其是*"通用术语"*和*"与荷载相关的术语"*。

1.6.1 基本风速基准值

条款1.6.1

这是定义标准场地中强风条件下地理变异的参数,是估算场地设计风速的基本起点,其定义如下:

"指开阔平坦地貌条件下,地面以上 10m 高度处、年超越概率为 0.02(50 年重现期)的 10min 时距的平均风速,此风速不考虑风向效应,需要时可考虑海拔修正。"

这是大多数成员国的现行标准,但却不同于英国的现行标准(BS 6399-2[1] 中的小时平均值)和以前的标准(CP3-V-2 中的 3s 阵风速度)。它所采用的数据与大多数欧洲大陆国家的国家气象数据相对应。其数值见国家附件。

1.6.2 基本风速

条款1.6.2

此参数是考虑了任意方向和季节因素的基本风速。一些成员国可能会选择忽略方向和季节的影响,将相应的 c_{dir} 和 c_{season} 参数统一起来。考虑到风向有各种可能性,因此将方向效应包括在最终限值中是合理的,而季节效应却只与临时结构或适用性评估有关。

1.6.3 平均风速

条款1.6.3

该参数是空旷场地地面以上指定高度处的 10min 平均风速。它相当于 BS 6399-2[1] 中的现场风速 V_s,但 V_s 是每小时平均值。该参数考虑了地表粗糙度和地形(丘陵、陡坡等)的影响,如果国家附件给出了 c_{dir} 和 c_{season} 值,该参数还可以考虑方向和季节的影响。

1.6.4　风压系数

风压系数给出了结构形式对内外表面压力分布的影响。外压系数仅取决于结构的外部形状，而内压系数则取决于压力的外部分布如何作用于结构内表面。 *条款1.6.4*

1.6.5　力系数

力系数给出了整个结构或特定结构构件的总荷载。实际上它们代表了表面压力分布的整合情况。力系数可在风的轴向上指定，例如顺风向的荷载（拖拽）和横风向的荷载（提升），或可在体轴中指定，即在与正交结构轴对齐的固定方向上指定。 *条款1.6.5*

1.6.6　背景响应因子

背景响应因子 B 控制尺寸系数 c_s，它允许结构表面外部压力波动缺乏完全相关性。背景响应因子 B 不直接用于欧洲标准中，因此将它包含在定义列表中是合适的。尺寸效应系数 c_s的定义更合适，因为它在 BS 6399-2[1] 中与尺寸效应系数 C_a 等效。 *条款1.6.6*

1.6.7　共振响应因子

共振响应因子 R 控制动力系数 c_d，它考虑了结构基本模态下的动态响应。一般来说，这是最基本的。 *条款1.6.7*

第 2 章 设计状况

条款2(1)P 本章涉及结构设计中必须考虑的各种类型的设计状况。本章内容参见 EN 1991-1-4第 2 章中的引用文件和 EN 1990 的 3.2 中的以下设计状况:

- 持久状况;
- 短暂状况;
- 偶然状况;
- 地震状况。

上述设计状况包含了"*在结构施工或使用过程中可合理预见的或将发生的所有状况*"。例如地震与严重的风暴同时发生并非"可合理预见",因此该作用与 EN 1991-1-4并不相关。但很有可能在暴风雨中发生如车辆碰撞等偶然状况。同时 EN 1991-1-4 规定了另一种相关状况:

- 疲劳。

2.1 持久状况

持久状况指的是正常使用条件下的情况,在这里指的是在具有特征风险的风暴中结构上的风荷载。虽然持续的强风会持续几个小时,而与静态结构相关的峰值风荷载只会持续大约 1s,但是它们都被归类为"**持久**"状况。

由于要求结构能够承受这些持久荷载而不受损坏,因此在假定结构保持完整(如建筑的外部围护结构保持封闭)的前提下来设计结构(尤其是建筑)已成为惯例。在英国,评估选择性开孔(洞)效果(例如打开一扇大门)的具体要求,最近才作为正常使用极限状态案例引入。而这曾是一项隐含要求,因为现在用分项系数极限状态结构规范代替了容许应力规范。EN 1991-1-4 对仅在风和偶然荷载共同作用下的选择性开孔进行了陈述,因此有必要确保完整封闭结构在施工或使用过程中的荷载不会超过其设计荷载。

条款2(2) 结构承受的持久风荷载通过采用适当的分项系数 γ_f 来考虑。持久风荷载可
条款2(5) 能与雪荷载和外加荷载共同出现,其组合系数采用 EN 1990 中的规定。对于风敏感结构应考虑风作用引起的疲劳效应。

2.2 短暂状况

短暂状况指结构在施工、组装或维修期间的临时情况。为确保在发生这些瞬

态过程时结构不会过载,需要确定适当的风荷载值。从标题来看,EN 1991-1-6《Eurocode 1:结构上的作用　第 1-6 部分:施工荷载》似乎包括了此状况,但其主要涉及施工过程本身可能施加在结构上的荷载,例如在结构周围运输建筑材料。 *条款2(3)*

施工过程的定义非常明确,因此所有相关情况都很容易被预估。例如,未覆盖的框架、未支撑的墙和临时的主开孔(洞)等都将被包括在内。设计人员应充分利用方向性和季节性的裕度,来减少施工阶段风荷载计算的保守性,同时不增加设计风险。如果施工过程通过积极的安全管理程序妥善维护劳动者和公众的安全,相关部门(如英国的健康与安全部)可允许在施工期间出现更高的年度风险。(在这种情况下,当结构不完整时,防止可能的风致失效而增加经济损失的做法是谨慎的。)

结构承受的短暂风荷载也可通过采用适当的分项系数 γ_f 来考虑。短暂风荷载也可能与雪荷载和外加荷载共同出现,其组合系数采用 EN 1990 中的规定。对于细长悬臂构件或部分完整结构的其他敏感元件,可能需要考虑低周疲劳。“低周疲劳”是指通过相对较少(数百个)周期的荷载使结构材料产生应变硬化而导致的疲劳,其中周期荷载占设计荷载的比重较高(如 80%)。在持续数小时的暴风雨中,外围护结构或外露悬臂构件的固定件可能会发生这种情况。 *条款2(2)*

2.3　偶然状况

偶然状况是指罕见或发生时间短的异常情况。EN 1990 将其定义为“*在结构的设计使用年限内不一定出现,而一旦出现其量值很大,且持续时间很短的状况*”。*例如*:

- 撞在玻璃上的碎片可能会形成建筑迎风面上的主开孔,并增加屋面的上升荷载。这意味着上风向的建筑已经在风暴中失效,或者其他潜在的飞片直接逆风存在。

- 墙可以依靠屋顶支撑来保持其稳定性,但在屋顶被火灾摧毁后,墙可能会在几天内处于无支撑状态。

在上面两种情况下,风险都低于设计风速对应的特征风险,因为该风险包括其他因素,且具有低风险性。因此,各因素的组合风险才是合适的设计值。当这些单个风险在统计上独立且不相关时,多个同时作用的组合风险是这些单个风险的产物。这些作用于结构的偶然风荷载可采用简化的分项系数计算,通常取 $\gamma_f=1$。虽然偶然风荷载可能与雪荷载和外加荷载一起出现,但国家附件可能给出的组合系数为 0。请注意,风暴和雪实际上并不具有统计上的独立性和不相关性,因为它们都是冬季发生的天气事件。

EN 1991-1-4 条款 2(4)规定:“*当设计中门窗被假定处于关闭状态时,门窗开启的情况应视为偶然设计状况。*”乍一看,这一条款可以被认为是对可选主开孔的有效考虑,但事实并非如此。EN 1991-1-4 的条款 7.2.9.1(P)给出了内部压力 *条款2(4)*

的规定,可以看到这些规定包括“**各种可能开孔的组合**”。由于建筑的用户可以控制门是否打开,在建筑的使用年限内,门会被多次打开,因此将打开的情况视为偶然状况并不合理。条款 2(4)所指的是,**在评估与风荷载组合的偶然荷载时**,应将可选的主开孔视为打开。但是建筑中的主开孔会增加屋面和其他墙面上的风荷载时,也会减少包含开孔的墙面上的风荷载。因此,即使是这样的解释也不应被认为是充分的,设计时偶然状况下孔的打开和关闭状态都应被考虑在内。

重要提示

在评估偶然状况与风的组合时,风荷载的组合系数仅为 $\psi_{1,1}=0.2$。因此,这在计算考虑风荷载的典型正常使用状况时是不合适的,仍需要单独考虑风荷载作用。在正常使用状况中,风荷载评估仍然是一项单独的重要任务。英国的最优方法是由 BRE 摘要 436[8] 给出的,它令 BS 6399-2[1] 中概率系数 $S_p=0.85$,并将其与单位分项系数 $\gamma_f=1$ 结合使用。迎风面上的大门打开时的状况可为大跨度屋顶的上升提供关键设计案例。

重要提示

因此,如果错误认为条款 2(4)的要求已经被解释得很全面了,则可能造成不安全的设计。谨慎的设计人员会结合孔(洞)打开和关闭两种情况考虑偶然荷载,并在正常使用状况下同时考虑这两种情况。请注意在超出正常使用状况的风暴中,由业主或用户负责确保可选性开孔是关闭的。

2.4 疲劳

条款2(5)

对于风敏感结构,必须对风作用引起的疲劳效应进行评估。EN 1991-1-4 对此敏感性不进行指导。这是“structural Eurocode”的相关责任。

第 3 章　风荷载模拟

本章涉及风荷载在 Eurocode 中的表示方式。本章的内容参见 EN 1991-1-4 第 *3* 章的下列条款：

- 特性　　*条款3.1*
- 风荷载的表示　　*条款3.2*
- 风荷载的分类　　*条款3.3*
- 标准值　　*条款3.4*
- 模态　　*条款3.5*

3.1　特性

在本文中，“模拟”并不是指物理模型或数据比例模型的构建。因为这些模型需要满足风洞试验要求或 EN 1991-1-4 的 1.5 中流体力学（CFD）计算的要求。“模拟”所指的是“概念模型”，欧洲标准用它来表示风荷载复杂作用过程的简化方法。

风荷载在时间和位置上以一种复杂而明显随机的方式在结构的外表面上波动作用。刚性结构将直接响应这些作用，该结构的设计可以使用静力设计模型。静力设计模型中，最大应变与最大荷载成正比。动力结构有选择地通过结构自振频率的共振来增强其对风荷载的响应。在某些情况下，结构的运动会充分增加风荷载的作用，这种结构被称为气动弹性结构。

EN 1991-1-4 使用数学模型表示上述静力、动力和气动弹性作用效应，如下所示：　　***条款3.1(1)***

- *外压*：由风荷载直接引起的封闭结构外表面和开放结构内表面的法向压力。
- *内压*：由外部压力通过外表面孔（洞）间接作用于封闭结构内表面的法向压力。
- *法向力*：因法向压力作用而垂直于结构表面的力。
- *切向力*：由摩擦引起的沿表面切向作用的力，当结构大面积区域被风吹扫时，其数值可能相当大。

压力（风压）实际上是一个在各个方向上作用相同的标量。术语“法向压力”是指施加在结构表面上的这些压力产生的垂直作用于表面的力，而不是摩擦引起的切向力。

3.2 风荷载的表示

条款3.2(1)

欧洲标准通过一组简化的值表示这些风压和力的实际分布,它们给出了与极端风荷载等效的结构荷载,即极端的"*标准*"荷载。模型的简化不可避免地涉及一定程度的保守性,以确保包括极端荷载情况。因此,在 EN 1991-1-4 的 1.5 允许的情况下,通过试验与实测辅助设计通常会获得较低的设计荷载和更有效的结构。

3.3 风荷载的分类

条款3.3(1)

这些"标准"荷载应作为 EN 1990 规定的"*可变固定作用*"来应用;也就是说,除非另有规定,它是"*大小随时间的变化既不能被忽略也不是单调变化的作用*"。规定的例外情况是指作为"**偶然荷载**"处理的可选主开孔(见上文 2.3)。然而在这两种情况下,这些作用都被表示为"*不超过期望概率的上限值*"。

3.4 标准值

条款3.4(1)

风荷载采用"*标准值*",即结构服役期间任意一年的特征年风险超越概率为 0.02 的值。该风险水平也可以用年风险的倒数给出的平均重现间隔或"重现期"来描述,当前情况下为 50 年。

目前不鼓励使用术语"重现期",因为重现常被误解为周期性的。而实际上重现可由二项分布很好地描述。如果将 $P(r,n)$ 定义为 n 年内风速被超过 r 次的概率,那么:

$$P(r,n) = \frac{n!}{r!(n-r)!}p^r(1-p)^{n-r}$$

目前特征年风险 $p=0.02$,$n=50$ 年期间的超越概率为:

无超越,$r=0$:$P(r,n)=0.98^{50}=0.364$

一次超越,$r=1$:$P(r,n)=\frac{50}{1}\cdot 0.02^1\cdot 0.98^{49}=0.372$

二次超越,$r=2$:$P(r,n)=\frac{50\cdot 49}{2\cdot 1}\cdot 0.02^2\cdot 0.98^{48}=0.186$

三次超越,$r=3$:$P(r,n)=\frac{50\cdot 49\cdot 48}{3\cdot 2\cdot 1}\cdot 0.02^3\cdot 0.98^{47}=0.061$

四次超越,$r=4$:$P(r,n)=\frac{50\cdot 49\cdot 48\cdot 47}{4\cdot 3\cdot 2\cdot 1}\cdot 0.02^4\cdot 0.98^{46}=0.0145$

至少超越一次的概率由未超越的值得到,$1-0.364=0.636$。因此,在重现期内至少超越一次标准值的概率约为 64%,即几乎是不超过标准值(无超越)概率的 2 倍。之所以使用平均重现期,是因为无超越的年份与有多次超越的年份保持平衡,因此每个重现期所有超越值的平均比率是 1。

3.5　模态

EN 1991-1-4 根据结构尺寸、形状和动力特性，对风的影响进行了模拟。这本质上是一个动力模型，其中结构的加速度非常显著。然而欧洲标准通过运用动力系数 c_d将该模型简化为准稳态风压和力，该系数 c_d允许在适当的情况下进行静力设计。这与 BS 6399-2[1] 中的模型完全相同，其动力增强系数 c_r 等于 c_d-1。 *条款3.5(1)*

在结构运动改变气动荷载的情况下，欧洲标准还可模拟气动弹性响应。敏感结构包括电缆、桅杆、烟囱和桥梁。潜在气动弹性结构的设计主要涉及消除气动弹性响应的可能性。 *条款3.5(2)*

第4章 风速和风动压

本章涉及风速和相应的风动压设计值的推导,包括任一地理位置和空旷场地。本章内容参见 EN 1991-1-4 第4 章的下列条款:

- 计算基础 *条款4.1*
- 基本值 *条款4.2*
- 平均风速 *条款4.3*
- 脉动风 *条款4.4*
- 峰值动压 *条款4.5*

4.1 计算基础

条款4.1(1)

EN 1991-1-4 中用峰值系数模型作为计算基础。该模型的原理是:结构的最大准稳态阵风荷载或动力响应可用一个平均的、稳定的部分加上一个湍流的、不稳定的部分来表示。脉动分类的比例用峰值系数 g 表示;对于阵风荷载,该系数取决于阵风大小;而对于动力,该系数取决于结构特性。因此,对于最大阵风速度 $\hat{v}(z)$:

$$\hat{v}(z) = v_m(z) + g(t) \cdot \sigma_v(z) = v_m(z) \cdot [1 + g(t) \cdot I_v(z)] \quad \text{(D4.1)}$$

式中,$v_m(z)$是高度 z 处的平均风速;$g(t)$是持续时间 t 的峰值系数;$\sigma_v(z)$ 是湍流的均方根。因此,$I_v(z) = \sigma_v(z)/v_m(z)$是湍流强度。通过将共振响应系数应用于脉动分量来计算结构的动力响应。

此模型是世界上大多数风荷载相关标准的计算基础,它的发展和被提升至主导地位要归功于 Davenport[9]。当使用更复杂的极值模型来推导编码数据时,结果通常被转换成如 Cook-Mayne 方法[10,11]的统一格式,它是 EN 1991-4、BS 6399-2[1] 和全球其他现行标准中众多风压系数的基础。

由于风速和风动压之间的平方关系,最大风速的线性关系与最大风荷载的二次方相对应,其式如下:

$$\begin{aligned}\hat{F}_w &= \overline{F}_w \cdot [1 + g(t) \cdot I_v(z)]^2 \\ &= \overline{F}_w \cdot [1 + 2 \cdot g(t) \cdot I_v(z) + g^2(t) \cdot I_v^2(z)]\end{aligned} \quad \text{(D4.2)}$$

非线性公式(D4.2)不便于计算动力响应,因此通常通过舍弃展开式(D4.2)中最后的平方项,将其线性化为:

$$\hat{F}_w \approx \overline{F}_w \cdot [1 + 2 \cdot g(t) \cdot I_v(z)] \quad (D4.3)$$

舍弃展开式(D4.2)中最后的平方项，当湍流强度 $I_v(z)$ 很小时，这是一个合理的做法，如高层建筑顶部，$I_v(z)$ 约为 0.1。但在城市地区离地面很近的地方，$I_v(z)$ 约为 0.3 时，缺少的项 $g^2(t) \cdot I_v^2(z)$ 变得非常重要。

EN 1991-4 推荐采用线性化公式(D4.3)计算峰值准稳态荷载和动力响应，但同时允许国家在峰值荷载情况下对相关方法进行选择。英国国家附件采用式(D4.2)的完整关系式计算峰值荷载，以保证城市地区低层建筑所需的安全系数。其他国家附件可能采用线性形式，但也可能引入补偿效应[例如增加峰值系数 $g(t)$、设定 $h_{dis}=0$(见下文 4.3.2 和 4.3.5)或选择湍流系数 k_1(见下文 4.4)]，因此使用者必须完全遵循相关国家附件中定义的所有规定。

英国国家附件2.17

重要提示

4.2　基本值

4.2.1　基本风速基准值

基本风速基准值 $v_{b,0}$ 的定义为Ⅱ类地形地面以上 10m 处 10min 的平均风速，其年超越风险为 0.02，不考虑方向和季节。

条款4.2(1)P

Ⅱ类地形是指植被较矮或障碍物间距大于 20 倍障碍物高度的开阔地貌条件，这大致相当于世界气象组织用于风速计的基准暴露程度。EN 1991-1-4 中Ⅱ类地形的空气动力学粗糙度取值为 $z_0=0.05$m，而英国标准 BS 6399-2[1] 中，同一地形的取值为 $z_0=0.03$m。如果其他地形类别的所有调整都使用相同的基准，则基准粗糙度定义之间的差异并不显著。

10min 平均期是欧洲大陆大部分地区的气象标准，但包括英国和德国在内的某些国家使用 1h。这两个国家都根据经验校准数据，采用 1.06 的系数将基准的 1h 平均数据调整为 10min 数据。

基本风速 $v_{b,0}$ 的值在成员国的相应国家附件中给出。英国国家附件在地图(图 NA.1)中给出了校准为海平面对应基本风速的值，将其定义为“地图”值 $v_{b,map}$，并引入海拔系数 c_{alt}，以将这些值修正到所需的基准水平：

英国国家附件2.4

条款4.2(1)P，注1

$$v_{b,0} = v_{b,map} \cdot c_{alt} \quad (D4.4)$$

英国国家附件中的地图与 BS 6399-2[1] 中的地图非常相似，只是源数据记录已从 11 年增加到 30 年，并将原始小时平均值乘以 1.06 来表示 10min 的平均值。

由于各国在各自的国家附件中对应用性规定做出了不同的选择，因此英国的地图值不能直接与相邻或相近的国家(尤其是法国)的值进行比较。特别是法国选择在设计图中包含海拔和粗糙度变化效应，而英国则从设计图中提取这些效应并将其应用于应用性规定中。因此，法国某些海滨城市的地图值高于相应的英国海滨城市地图值，例如加来的地图值明显高于多佛的地图值。但是当应用了各自的应用性规定时，得到的设计值却是非常相近的。

从英国地图中删除粗糙度获取效应，然后将其放回应用性规定中，这看上去似乎有悖常理,但事实并非如此。从“海洋”地形到“乡村”地形的风速变化约有 1/3 发生在距海岸 1km 以内,另有 1/3 发生在 1 ~ 10km 之间,最后 1/3 发生在 10 ~ 100km 之间。由于英国是一个岛国,与迎风海岸之间的距离取决于风向,而许多其他成员国只有一条或没有海岸线。因此,相比法国地图上实际标出的值,法国大西洋沿岸的高值会更快地在内陆降低,但这种差异是保守的。

英国国家附件2.5

英国海拔系数由以下公式给出:

当 $z \leqslant 10\text{m}$ 时，$c_{\text{alt}} = 1 + 0.01 \cdot A$　(D4.5a)

当 $z > 10\text{m}$ 时，$c_{\text{alt}} = 1 + 0.01 \cdot A \cdot (10/z)^{0.2}$　(D4.5b)

式中,A 为地形平坦时场地高于平均海平面的高度,或地形显著的逆风面高度。$z = z_s$,是指 EN 1991-1-4 图 6.1 所示或 EN 1991-1-4 图 7.4 所示地上部分的高度。

英国海拔系数与 BS 6399-2[1] 中建筑所用的经验系数相同,只是现在该值随着离地高度的降低而降低,以适应更高的结构,例如通信桅杆。如图 D4.1 所示,引入这一系数大大减少了需要应用复杂地形规定的场地数量,即仅需考虑丘陵的上半部分或悬崖的顶部。当地形平坦时,在现场测量海拔 A;当地形起伏显著时,在山丘或悬崖的底部测量海拔 A,这与 BS 6399-2 相同[1]。

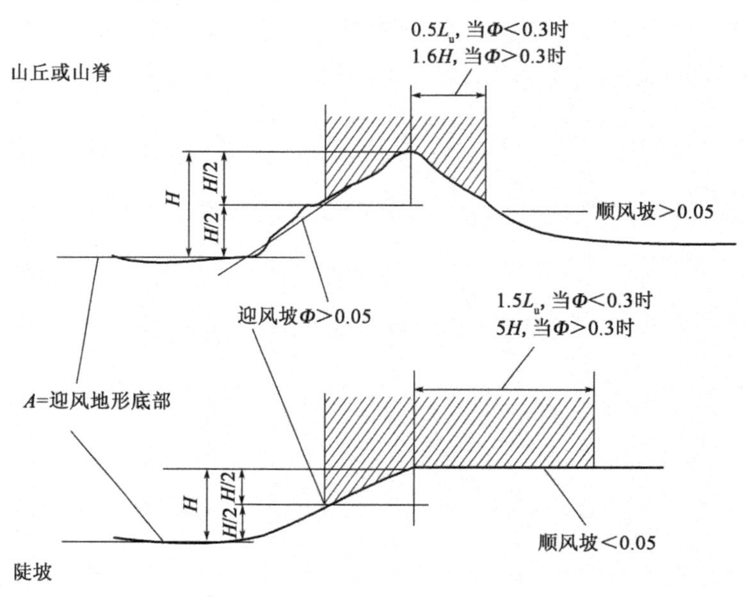

图 D4.1　英国关于起伏显著地形的规定

4.2.2　基本风速

条款4.2(2)P

英国国家附件2.6

基本风速 v_b 是基准值 $v_{b,0}$ 考虑了方向系数 c_{dir} 和季节系数 c_{season} 后的值。这两个系数的推荐值均为 1.0,但在欧洲标准中可选择引入国家标准值。英国国家附件援引了这一选项,给出了方向和季节系数表,与 BS 6399-2[1] 相同。虽然预计这些英国系数同样适用于法国、比利时和荷兰的大西洋沿岸,但这些系数可能不会被用于这些地区,因为必须应用相关成员国的国家附件。

英国国家附件2.7

英国国家附件给出了方向增量为 30°的方向系数 c_{dir} 值,并允许对中间角度进行插值。这些值与BS 6399-2[1] 中的值相同。因为欧洲标准仅为这些情况提供压力系数(见下文第 5 章),需要对任一独立结构上的风荷载进行"正交情况"评估,而BS 6399-2 则提供 30°方向增量的压力系数。因此,每个正交情况下的适当方向系数是与该情况的垂直风向夹角为 ±45°的最大值。 *条款4.2(2)P,注2* *英国国家附件2.6*

英国国家附件给出了适用于一年中任意 1 个月、2 个月和 4 个月的季节因素季节系数 c_{season},以及 6 个月的夏季和冬季的季节系数。这些值与 BS 6399-2[1] 中的值相同。季节因素的主要用途是评估临时结构和施工期间结构上的风荷载。EN 1991-1-4中 4.2(3)特别禁止将季节因素用于"*一年中任何时候都可以使用的可移动结构*"。其中的重要提醒是"*一年中任何时候都可以使用的*",这意味着该结构在暴露期间缺乏控制。但是如果使用的可移动结构是临时的,例如在现场组装和使用一段指定时间的塔式起重机,则可以使用季节系数。 *条款4.2(2)P,注3* *英国国家附件2.7* *条款4.2(3)*

相关条款的注允许使用概率系数 c_{prob}来调整式(4.2)中的年度超越风险。英国国家附件引用推荐值 $K=0.2$ 和 $n=0.5$,其对应于 Fisher-Tippett 1(FT1)型动态压力分布,因此英国的概率系数 c_{prob}与 BS 6399-2[1] 中的 S_p相同。其他成员国可选择采用 FT1 分布来计算风速,在这种情况下,$K=0.1$,$n=1$。图 D4.2 给出了概率系数 c_{prob}对应于重现期 R 的两个模型,其中 $R\approx 1/p$,即重现期 $R=50$ 年表示年超越风险 $p=0.02$。对于英国常见的建筑和桥梁结构,两个模型之间的差异很小,但对于核设施来说差异很大。 *条款4.2(2)P,注4* *英国国家附件2.8*

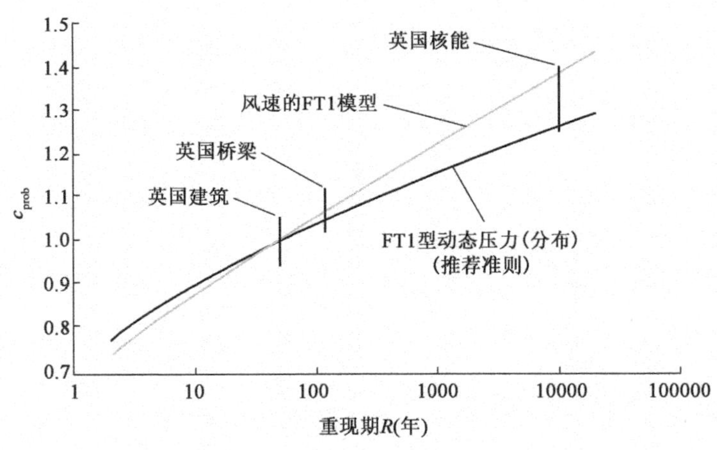

图 D4.2 概率系数模型

在 1995 年之前,英国已将 FT1 模型用于风速计算。但理论和实测都表明,在欧洲大部分地区,FT1 模型是用于动态压力计算的合适模型。

4.3 平均风速

4.3.1 随高度变化

平均风速 $v_m(z)$ 主要是高度的函数,其受地表粗糙度和地形的影响。它可用基本风速 v_b乘以粗糙度系数 $c_r(z)$和地形系数 $c_o(z)$得到。"*除非EN 1991-1-4 的* *条款4.3.1(1)*

条款4.3.1(1) *4.3.3 中另有规定*”,否则 $c_o(z)=1$ 具有误导性,因为它暗示这是一种典型情况。然而 4.3.3 规定,应考虑坡度大于 3°(5% 或 1:20)的地形,而且这种情况还较为常见。

英国国家附件2.5 英国国家附件采用了 5% 的坡度临界值,但将评估 $c_o(z)$ 的必要性限制在靠近丘陵或悬崖顶部的场地,即图 NA.2 所示阴影区内的场地(如图 D4.1 所示)。

4.3.2 地表粗糙度

条款4.3.2(1) 粗糙度系数 $c_r(z)$ 解释了粗糙地表对风速垂直分布图的影响。边界层理论表明,平均风速合适的分布为:

$$v_m(z) = 2.5 \cdot u_* \cdot \left[\ln\left(\frac{z-h_{dis}}{z_o}\right) + 5.75 \cdot \left(\frac{z-h_{dis}}{z_g}\right) - 1.875 \cdot \left(\frac{z-h_{dis}}{z_g}\right)^2 - \frac{4}{3} \cdot \left(\frac{z-h_{dis}}{z_g}\right)^3 + \frac{1}{4} \cdot \left(\frac{z-h_{dis}}{z_g}\right)^4\right] \quad (D4.6)$$

式中,u_* 是摩擦速度;z_g 是边界层的地转高度。在温带低气压形成的强风中,地转高度较大,$z_g \approx 2000\text{m}$,因此第一个对数项只有在接近地表时才是显著的。参数 h_{dis} 是可选的位移高度参数,详见 4.3.5。

重要提示 注意式(D4.6)不适用于由其他气象原理引起的风荷载,如雷暴下击、下沉风、龙卷风或飓风。如有必要,国家附件将包括受到其他气象原理引发天气影响的成员国所需的任何特别规定。对于主要强风机制不是温带低气压的其他国家,不能直接应用 EN 1991-1-4 的规定。

EN 1991-1-4 将上述分布简化为第一个对数项,因此 $c_r(z)$ 变为:

$$c_r(z) = k_r \cdot \ln\left(\frac{z-h_{dis}}{z_o}\right) \quad (D4.7)$$

EN 1991-1-4 的表达式(4.4)中地形系数 $k_r = 2.5 \cdot u_* / v_b$,由表达式(4.5)定义。EN 1991-1-4 还根据地表粗糙度规定离地高度最小限值为 z_{min},离地高度最大限值为 $z_{max}=200\text{m}$。每种地形类别的 z_o 和 z_{min} 推荐值都列在表格中(EN 1991-1-4 表 4.1)。

注意式(D4.7)与式(4.4)的不同之处在于将位移高度 h_{dis} 包括在内,该位移高度 h_{dis} 在欧洲标准中被定义为 *NV*(h_{dis} 的定义见下文 4.3.5)。由于推荐方法不使用 h_{dis},因此欧洲标准在任何表达式中都不包含 h_{dis}。这只是欧洲标准中许多使用不便之一,苛刻的观察者可能会认为这些不便是故意引入的,是用来妨碍对国家附件进行合理改变的。由于英国国家附件选择要执行 h_{dis},本指南中的所有公式在相应位置都包含了此参数。

图 D4.3 将 BS 6399-2[1] 中使用的式(D4.6)的完整模型与欧洲标准简化模型公式(D4.7)及欧洲以外常用的“幂律”模型进行了比较,得出基准地表粗糙度 $z_o = 0.05\text{m}$。欧洲标准的“对数律”模型在接近地面处适用性很好,但在 100m 以上的水平位置变得越来越不保守。在一些早期的实践规范中,使用的“幂律”模型在高水平位置处仍然保持很好的适用性。

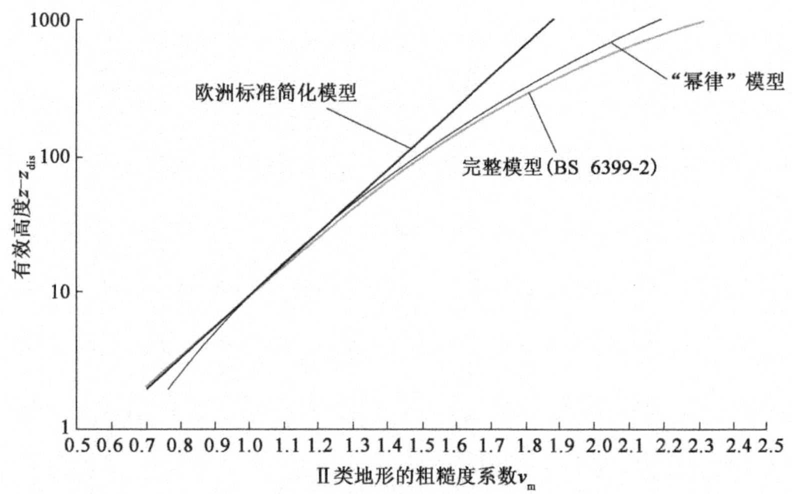

图 D4.3 粗糙度系数 $\nu_m(z)$ 的模型

EN 1991-1-4 中的一个附加说明指出，“*若具有均匀地表粗糙度的上风向距离足以使分布图保持稳定*”，则式(4.4)适用。EN 1991-1-4 图 4.1 中定义了均匀地形粗糙度扇区，其宽度推荐值为风向两侧的 ±15°，但“上风向距离”的选择权留给国家附件。 *条款4.3.2(2)*

图 D4.4a)所示为向岸风在地表粗糙度变化(指从海洋到陆地的变化)后的实际情况。横穿海洋的风有一段很长的距离，或称“回程”，在那里湍流应力平衡了表面阻力从而建立一个平衡分布。在穿过海岸线后，地面阻力的增加导致地面附近的风速减慢，直至达到新的平衡。这种效应通过边界层逐渐向上传导，因此在离开海岸一定距离之前，高层的风不会开始减速。

设计规范通常简化此影响，如图 D4.4b)所示，假定在顺风向一定距离内不会发生变化，紧接着突变至新的平衡条件。此简化方法为 EN 1991-1-4 的推荐方法，BS 6399-2[1] 也将其视为“标准方法”。如果首次考虑海陆过渡，此简化对于远离海洋的大多数欧洲大陆来说是非常好的，因为其影响很小。对于单一海岸线的国家来说，此方法也相当合适，因为模型中的误差可以在基本风速的规定中得到满足。然而英国与此不同，英国是一个岛国，其任意方向均有不同距离的海岸线：西海岸附近地区将遭受比基准粗糙度预期更强烈的西风，而东海岸附近地区将遭受更强烈的东风。

同样的影响也发生在从乡村或“空旷的野外”粗糙度向城市或“城镇”粗糙度的过渡之后。但较高的城市湍流强度会对城市边界附近高层建筑的动力响应产生显著影响。图 D4.5 放大了粗糙度变化附近的过渡区，表明其具有较大的厚度。为了吸收平均风速的动能，必须先将其转换为湍流，然后由湍流雷诺应力转移到地面，这需要一段时间。图 D4.5 表明，平均风速在过渡带前缘开始下降，而阵风速度直到过渡带后缘才开始下降。湍流强度在通过该区域时先增加到一个高值，然后再下降到新的平衡值。由此可知，靠近城市边界的建筑将经历类似于之前空旷野外的阵风值，但湍流水平更高，因此动力响应增强。

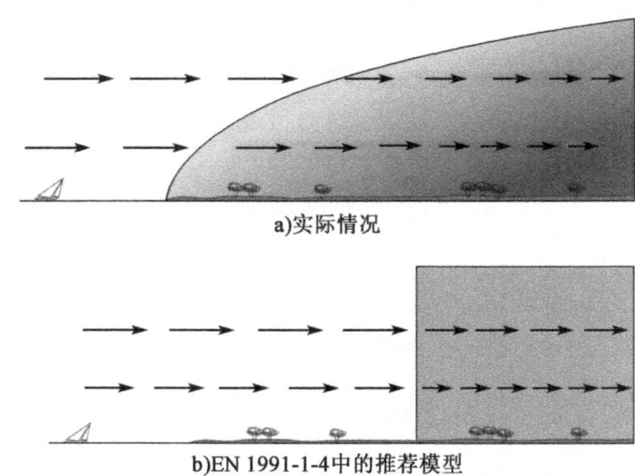

图 D4.4 大气边界层对地表粗糙度变化的响应

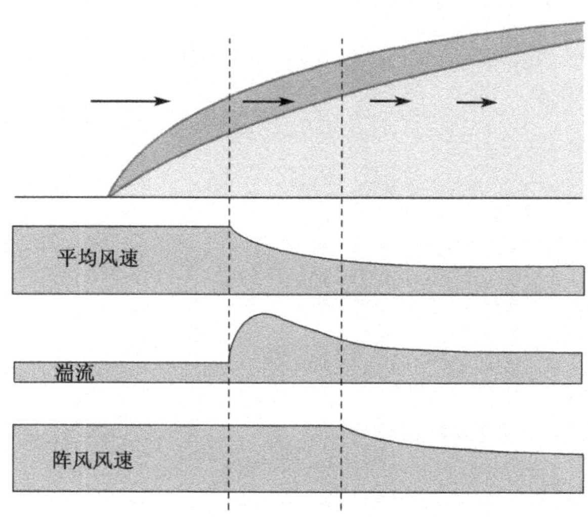

图 D4.5 粗糙度边界的过渡效应

条款4.3.2(3)

条款4.3.2(4)

矩形平面建筑的设计过程通常被简化为4种正交情况,如果结构对称,则情况更少。每种正交情况代表90°的风向范围,即建议宽度的3倍。因此,EN 1991-1-4中4.3.2(3)、(4)要求用户在所考虑的范围内,采用任意30°宽度的扇形内的最小粗糙度。

英国国家附件2.12

英国国家附件2.11

虽然预计大多数国家将定义数公里的适当"上风向距离",但是英国国家附件定义了100km的距离,并提供了一种计算所有中间值的方法。其通过结合一些地形类别简化了实施过程:

- 0类地形被称为"海洋"地形;
- Ⅰ类和Ⅱ类地形是被一起考虑的,被称为"乡村"地形;
- Ⅲ类和Ⅳ类地形是被一起考虑的,被称为"城镇"地形。

粗糙度系数的影响取决于上风向的"离海距离"和"城镇内距离",并通过图表来实现:

- 依据离地有效高度、$z-h_{dis}$和"距海岸线的逆风距离",EN 1991-1-4图NA.3直接给出了所有区域的粗糙度系数$c_r(z)$;
- 根据离地有效高度、$z-h_{dis}$和"城镇地形内的距离",EN 1991-1-4图NA.4

给出了城镇地形(即第Ⅲ类和第Ⅳ类)的修正系数。

英国的实施方法降低了确定粗糙度系数 $c_r(z)$ 的难度,同时通过采用更复杂的粗糙度模型减小了不必要的保守性。

图 D4.6 显示了英国国家附件实施的简单性,其复制了图 NA.3。通过在该图表上的等值线间进行插值来获得 $c_r(z)$。在这个例子中,$z - h_{dis} = 40m$ 且距海岸线 2km 的距离处 $c_r(z)$ 的值为 1.33。然而,图 D4.7 所示的软件工具进一步简化了英国国家附件的实施方法,该软件工具可免费从 www.rwdi-almoms.com下载获得。

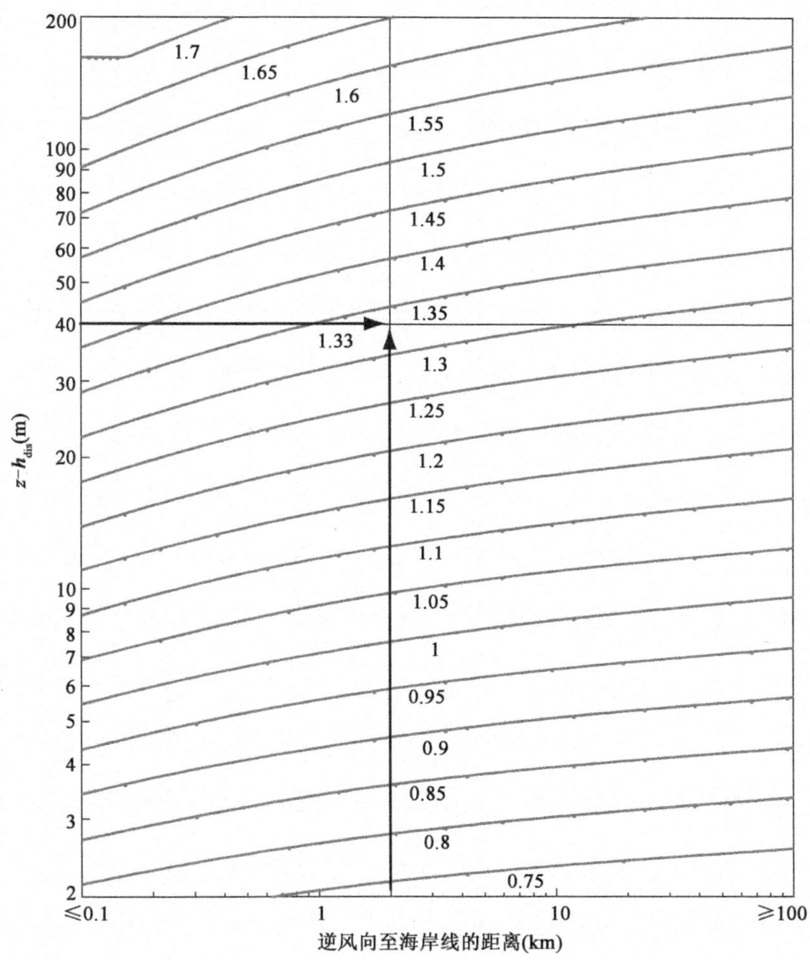

图 D4.6　英国国家附件中的粗糙度系数查找表

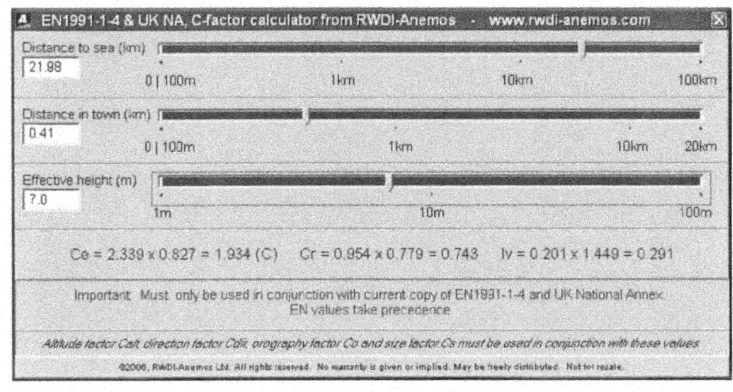

图 D4.7　EN 1991-1-4 风速和湍流系数的免费软件工具

现行 BS 6399-2[1] 的设计规定包括了靠近属于“海洋”类别的大型内陆湖泊的场地,湖泊应满足“*当场地逆风距离小于1km时,沿风向延伸至少1km的内陆水域*”的要求。EN 1991-1-4 将湖泊纳入了Ⅰ类,因此现在英国国家设计院规定将其纳入“乡村”地形,并给定了相对较低的设计风速。对于紧邻湖岸的建筑,在风吹离湖面的逆风方向上不会有永久性障碍物($h_{dis}=0$),这限制了这种变化的规模。尽管这个缺陷不会完全抵消标准部分荷载系数 γ_f,但是在这种情况下欧洲标准的规定是不保守的。因此,英国国家设计院要求,当迎风区域接近1km逆风距离时,所有沿风向延伸超过1km的湖泊仍应被视为“海洋”。

4.3.3 地形

条款4.3.3(1) EN 1991-1-4 的4.3.3(1)要求:当地形使风速增加5%以上时,需对山脉、丘

条款4.3.3(2) 陵、悬崖等地形进行评估。这不是一个非常有用的指导,因为需要进行评估以确定是否需要进行地形评估。推荐方法见 EN 1991-1-4 的附录 A.3。尽管 EN 1991-1-4 的4.3.3(2)规定,当“迎风地形的平均坡度”小于3°(对应于0.05或1:20的坡度)时可以忽略地形,但这对许多区域并不适用。

然而,“*迎风地形可以被认为是孤立地形特征高度的10倍*”的说法可能会给用户带来混淆。“*孤立地形特征高度的10倍距离*”应被解释为:在其特征可以被消减之前,该位置距离其特征顶部的最小距离。在最小坡度为0.05或1:20时,如果区域位于山的上半部分,则必须考虑地形影响。但是对于0.1(1:10)或更陡的山坡,不论区域位于山坡上的哪个位置都必须考虑地形影响。

英国国家附件 英国国家附件通过应用4.2.1描述的可选海拔系数 c_{alt},减少了使用复杂地形

2.13 评估规定的需要。虽然允许在接近该特征的任何地方进行全面评估,但是只有位于图 D4.1 所示区域内的场地才需要进行全面评估,这样可减少繁重的风速计算任务。

4.3.4 高大且相邻的结构

条款4.3.4(1) 众所周知,低矮建筑可能会受到邻近的高层建筑带到地面的强风的不利影

英国国家附件 响,但这种影响以前并未被包括在国家或国际设计规范中。欧洲钢结构公约

2.14 (ECCS)公布的模型规范草案解决了这一缺陷[12]。EN 1991-1-4 给出了该模型规范草案给出的两种推荐方法中较简单的一种。

该方法见 EN 1991-1-4 附录 A.4(见下文9.2)。当邻近结构的高度大于所设计结构高度的2倍时,可以执行该方法。

4.3.5 密集建筑和障碍物

条款4.3.5(1) 当建筑或其他永久性障碍物紧密布置在一起时,它们在一个从地面延伸到屋顶平均平面的区域内提供相互遮蔽。该遮蔽区的存在导致风的分布图上升,使有效离地高度刚好低于屋顶平均高度,该高度称为位移高度 h_{dis}。该位移高度将地面以上任何给定高度的风速降低到低于该高度无障碍物时的预期值。在本指南中,高于此位移高度的高度被命名为“有效高度”,但尚未指定特定符号。因此,有

效高度总是用 $z-h_{dis}$ 给出，从而强化评估 h_{dis} 的要求。

现行英国标准 BS 6399-2[1]准许在永久林地中使用位移高度。关键问题是"永久性"的含义。许多林地是商业种植园，在建筑的设计使用年限内可能会被砍伐。EN 1991-1-4 通过将位移高度限制在城市区域来避免这个问题。虽然大部分城市规模都有所增加，但仍有可能将大片城市区域彻底夷为平地进行再开发，在这种情况下，该区域周边建筑的暴露将更加严重。 *英国国家附件2.15*

附录 A 中给出了评估位移高度的推荐方法。这与 BS 6399-2[1] 中的方法相同，因此英国国家附件未做改动地采用了它。该方法评估了区域约 100m 逆风距离内所有障碍物的平均影响。如果遮蔽建筑被拆除，这种遮蔽效应就会消失，因此该方法减少了由单一建筑提供的遮蔽。然而，用户需要考虑这些障碍物是否是永久性的。一般认为，城市化是一个不断递增的过程，因此城市边界上的建筑最终也会被其他建筑所包围。

然而，在大规模拆迁和重建的情况下，建筑可能会在相当长的一段时间内暴露在风中。推荐的方法是让减少后的风荷载值不小于无障碍物时风荷载的 70% 左右，即最多减少 30%。迎风建筑被拆除后，荷载的增加会明显削弱，但不会消除。风的局部荷载系数 $\gamma_f=1.4$。

位移高度 h_{dis} 通过降低地面上的有效高度来降低设计风速，因此令 $h_{dis}=0$ 始终是一个安全的选项。一些国家附件可能令 $h_{dis}=0$，从而提供保守误差，以补偿使用线性化阵风系数模型时的非保守误差，如前文 4.1 所述。

4.4　脉动风

任意高度处的湍流强度 $I_v(z)$ 为湍流标准差（均方根）除以平均风速，即 $I_v(z)=\sigma_v(z)/v_m(z)$。近地湍流的标准差随高度变化保持不变，因此欧洲标准采用简化模型，即强度随高度降低，与 z_{min} 和 z_{max} 高度之间平均风速的增加成反比，且在 z_{min} 以下为常数。该模型还假定湍流的标准差不受地形平均风加速度的影响，即地形上的气流符合 Jackson 和 Hunt 的快速变形理论[13]，从而使湍流强度随地形平均风速的增大而减小。 *条款4.4(1)*

此处给出了欧洲标准中的建议表达式(4.7)：

当 $z_{min}\leqslant z-h_{dis}\leqslant z_{max}$ 时，$$I_v(z)=\frac{k_I}{c_o(z)\cdot\ln\left(\frac{z-h_{dis}}{z_o}\right)} \quad \text{(D4.8a)}$$

当 $z<z_{min}$ 时，$$I_v(z)=I_v(z_{min}) \quad \text{(D4.8b)}$$

式中，$z-h_{dis}$ 是前文已经使用的有效高度。湍流系数的推荐值 $k_I=1.0$，但该值取决于国家选择。

式(D4.8a)和式(D4.8b)是复杂方程，其作用是提供湍流的精确估计方法。但是，对于平坦开阔地形，设定推荐值 $k_I=1.0$、$c_o(z)=1.0$ 和 $h_{dis}=0$，可以得到 $I_v(z)=1/\ln(z/z_o)$。由于 $c_r(z)=k_r\cdot\ln(z/z_o)$，我们可发现 $c_r(z)\cdot I_v(z)=k_r$，由

此可预测所有高度的湍流均方根为常量。

实际上湍流均方根在地面附近为常数,但随着高度的增加而显著减小。式(D4.8a)和式(D4.8b)的模型对高度的平衡湍流条件给出了很差的表示,并且完全无法在地形变得更粗糙后预测湍流的增强水平。图 D4.8 中给出了更好的平衡值 k_1,k_1也是高度的函数。

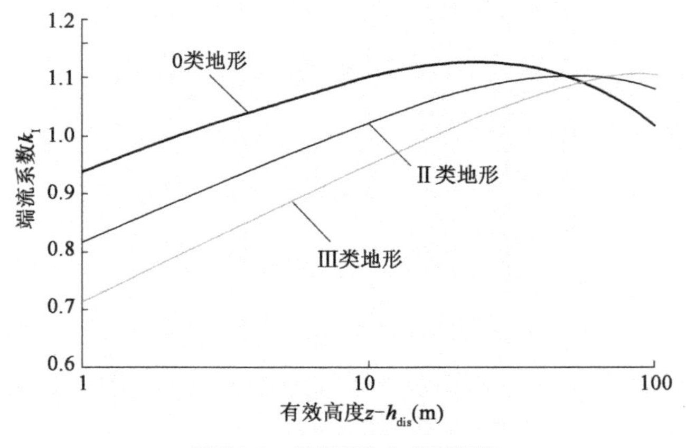

图 D4.8　湍流系数 k_1 的平衡值

图 D4.9 给出与有效高度对应的湍流强度的竖直分布图,图中将英国国家附件所采用的完整模型与 EN 1991-1-4 的简化模型进行了对比,其中$k_1=1.0$。在离地 10m 以下,简化模型是保守的,但在 10 ~ 100m 之间,它是不保守的,超过 100m 又再次变得保守。因此,仅靠简化模型不足以补偿使用线性化阵风系数模型产生的非保守误差(见上文 4.1)。为了避免所有的"补偿误差"问题,英国国家附件在所有情况下都采用完整模型,通过使用设计图表来抵消这些模型的复杂性。

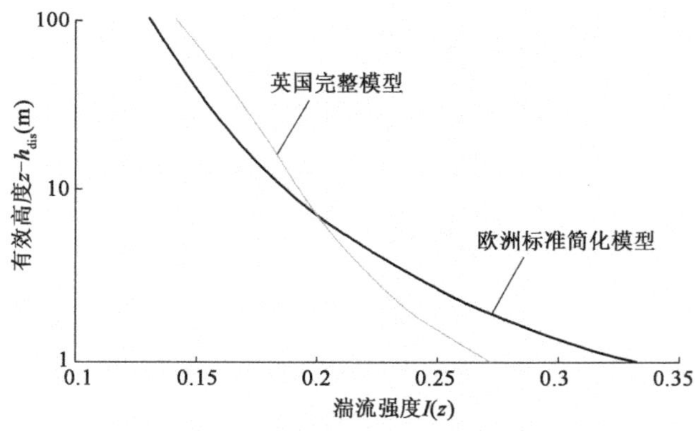

图 D4.9　Ⅱ类地形的湍流强度分布模型

由于欧洲标准将 k_1定义为 NV,而英国国家附件直接选择使用式(4.7)中 $k_1/\ln[(z-h_{dis})/z_0]$的值,因此在 $c_o=1$ 时无需进一步计算。

英国国家附件 2.16

如图 D4.5 所示,在海岸线或城市边界处,地形立刻从平滑过渡到了粗糙,湍流起初是高于平衡值的。英国国家附件包括粗糙度过渡对组合系数 $k_1/\ln[(z-h_{dis})/z_0]$中湍流强度的影响,使用与粗糙度系数 $c_r(z)$相同的图形格式。英国国家附件提供了两个图表:

- 图 NA.5 直接给出了所有区域的系数 $k_1/\ln[(z-h_{dis})/z_0]$,包括离地有效高度、$z-h_{dis}$和“*逆风至海岸线的距离*”；

- 图 NA.6 给出了城镇区域（即第Ⅲ类和第Ⅳ类）的修正系数，包括离地有效高度、$z-h_{dis}$和“*城镇地形内部间距*”。

在平坦地形中，$c_o(z)=1$，图表中的数值直接给出了湍流强度 $I_v(z)$。另外，当地形影响很显著时，则必须用 $c_o(z)$除以这些值。英国的实施方案减少了确定湍流强度所需的工作，使用了更复杂的粗糙度模型，该模型计入了在地形变得更粗糙后湍流的增强。

图 D4.10 说明了粗糙度从“海”变为“陆”后，不同高度上湍流是如何变化的。根据均方根湍流 $\sigma_v(z)$与基本风速 v_b的比值，得到湍流强度 $I_v(z)$和粗糙度系数 $c_r(z)$的乘积。可以看出，在接近地面时均方根湍流从最初的高水平下降到平衡值。离地越高，需要达到最大均方根湍流的路径越长。图 D4.10 给出了图 D4.5 中过渡效应的图示值。如上文所述，欧洲标准中任意地形类别的相应值是常量。Ⅱ类地形欧洲标准常量值为 $\sigma_v(z)/v_b=0.19$，图 D4.10 显示使用此值的方法是保守的简化计算方法。

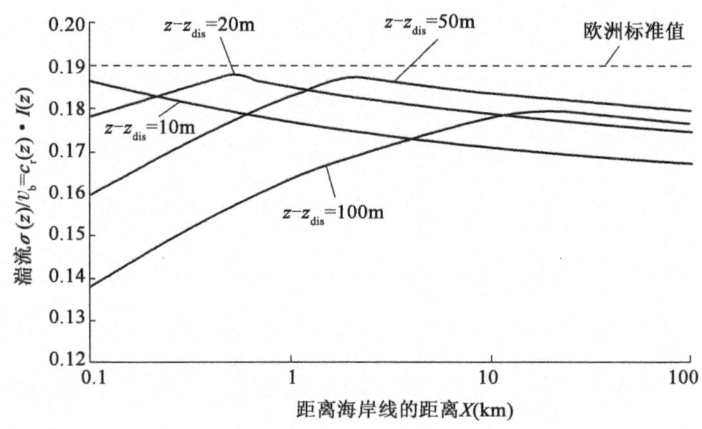

图 D4.10 Ⅱ类地形中海岸线上若干高度处的顺风湍流发展

4.5 峰值动压

条款4.5(1)

与 BS 6399-2[1] 等之前实行的标准不同，欧洲标准并未规定阵风速度，而是直接确定需要的阵风动压，对于结构的等效静态设计，需要将阵风速度转换为阵风动压。欧洲标准将其称为“峰值动压”$q_p(z)$，以避免对“动态”一词的使用产生任何可能的混淆，该术语在欧洲标准中被用来描述结构的动态响应。大多数低、中高层结构和动力结构单元都需要峰值动压值。

欧洲标准将峰值动压的推导分为两个步骤。

- 基本动压：$q_b=\frac{1}{2}\cdot\rho\cdot v_b^2$

- 暴露系数：$c_e(z)=q_p(z)/q_b$

基本动压只是以基本平均风速表示的动压，因此暴露系数是调整场地暴露所需的系数。

重要提示

早期,$c_r(z)$和$c_o(z)$是速度的系数,而$c_e(z)$是压力的系数。它们之间唯一的区别是下标,这可能会引起一些混淆。为了避免混淆的可能性,英国标准 BS 6399-2 使用 S 表示速度系数,使用 C 表示压力系数,而欧洲标准也明智地采用了类似方法。

式(4.8)给出的推荐规定是前文 4.1 所描述的峰值系数模型[式(D4.1)]的线性化版本。根据 1h 的基准平均周期,最短测量阵风($t \approx 1s$)的峰值系数通常被认为是 $g(t)=3.5$。EN 1991-1-4采用该值时,未考虑作为参考的极端 10min 平均风速,它大约比小时平均值高 6%。

英国国家附件

2.17

虽然在欧洲大陆使用平均周期 10min 对应的 $g(t)=3.5$ 可能是常见的做法,但与世界其他大多数国家一样,英国一直使用平均周期为 1h 对应的值。采用式(4.8)的推荐规定,接近地面的阵风荷载将被高估约 12%。另一方面,线性化版本的峰值系数模型会低估靠近地面的阵风荷载,即补偿误差。英国国家附件不接受这些补偿误差,而是将式(4.8)替换为完整模型和阵风系数的适当值:

$$q_p(z) = [1 + 3.0 \cdot I_v(z)]^2 \cdot \frac{1}{2} \cdot \rho \cdot v_m^2(z)$$
$$= c_e(z) \cdot q_b \qquad [D4.9,式(NA.3)]$$

线性化表达式(4.8)中使用的常数 7 等于 $2g(t)$,因此完整模型中使用的值 $g(t)=3.5$ 是峰值系数值,它通常采用每小时平均参考风速。

对于Ⅱ类粗糙度场地中的暴露系数 $c_e(z)$的值,图 D4.11 比较了以下模型:

- 英国国家附件完整模型[式(D4.9)];
- 峰值系数为 $g(t)=3.5$ 的 EN 1991-1-4 简化线性模型[式(4.8),其中常数 $7=2g(t)$];
- 峰值系数为 $g(t)=3.0$ 的 EN 1991-1-4 简化线性模型(英国国家附件值)。

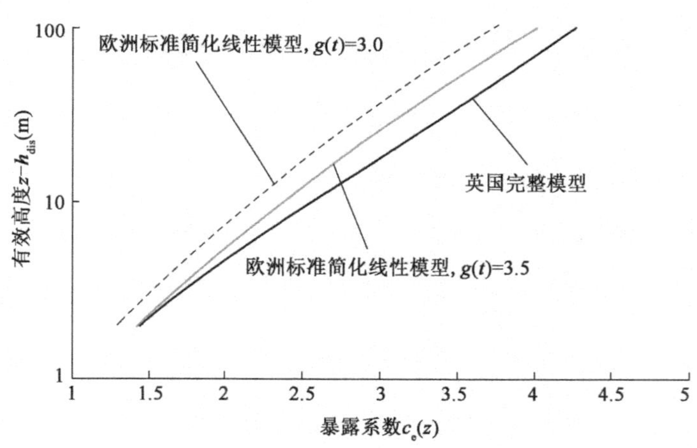

图 D4.11 欧洲标准和英国国家附件Ⅱ类地形(距海岸线 100km)的暴露系数 $c_e(z)$模型

比较结果表明,用线性模型中 $g(t)=3.5$ 的小时平均值代替 $g(t)=3.0$ 的 10min 平均值,可使 $c_e(z)$的值增加约 5%。然而,这还不足以补偿线性模型的不保守产生的误差。

英国国家附件还提供了用以直接确定平坦地形的暴露系数 $c_{e,\mathrm{flat}}(z)$ 的设计图表。它对粗糙度和湍流强度系数采用了相同的格式。这些条件适用于平坦地形，即 $c_o(z)=1$。英国国家附件给出了一个公式，用于校正受地形影响的上述系数，如下所示：

$$q_p(z) = q_b \cdot c_{e,\mathrm{flat}}(z) \cdot [c_o(z) + 0.6]/1.6 \qquad \text{(D4.10)}$$

[式(NA.4)]对于离地高度 50m 通常是保守的。对于 50m 以上的离地高度，应使用式(NA.3)。

英国国家附件的用户可以选择使用 2 或 4 张图表和式(D4.8)根据平均风速和湍流强度确定峰值动压，或者选择使用 1 或 2 张图表和式(D4.9)、式(D4.10)(如果需要)根据基本动压来直接确定峰值动压。如果结构具有明显的动力特性，第一种选择更合适，因为用户需要平均风速和湍流强度来计算动力响应。第二种选择更适合于静力结构。

空气密度推荐值为 $\rho=1.25\mathrm{kg/m^3}$。该值相对较高，与低海拔处的极低温度有关。英国国家附件中采用的值为 $\rho=1.226\mathrm{kg/m^3}$，这更适用于从大西洋吹来的强风。 *英国国家附件2.18*

对照 BS 6399-2[1] 的风速参数的汇总

EN 1991-1-4			BS 6399-2	
参数名称	通用	英国国家附件	参数名称	
未修正的基本速度	允许高度效应	$v_{b,\mathrm{map}}$	基本风速	V_b
高度系数		c_{alt}	高度系数	S_a
基本速度	$v_{b,0}$	$v_{b,0}=v_{b,\mathrm{map}}\cdot c_{\mathrm{alt}}$	无	无
方向系数		c_{dir}	方向系数	S_d
季节系数		c_{season}	季节系数	S_s
概率系数		c_{prob}	概率系数	S_p
基本风速		$v_b=v_{b,0}\cdot c_{\mathrm{dir}}\cdot c_{\mathrm{season}}\cdot c_{\mathrm{prob}}$	场地风速	$V_s=V_b\cdot S_a\cdot S_d\cdot S_s\cdot S_p$
位移高度	允许	h_{dis}	位移高度	H_d
距地高度	z	$z-h_{\mathrm{dis}}$	有效高度	$H_e=H-H_d$
最小高度	$z_{\min}$		最小有效高度	$H_e\geqslant 0.4\cdot H$
地形系数	$c_o(z)$	$c_o(z-h_{\mathrm{dis}})$	地形增量	S_h
粗糙度系数	$c_r(z)$	$c_r(z-h_{\mathrm{dis}})$	提取和湍流系数	S_c, T_c
平均风速	$v_m(z)$	$v_m(z-h_{\mathrm{dis}})$	平均风速	$V_o=V_s\cdot S_c\cdot T_c$
湍流系数	k_1			
湍流密度	$I_v(z)$	$I_v(z-h_{\mathrm{dis}})$	系数 S_t 和 T_t	$S_t\cdot T_t$
空气密度	$\rho=1.25\mathrm{kg/m^3}$	$\rho=1.226\mathrm{kg/m^3}$	空气密度	$\rho=1.226\mathrm{kg/m^3}$
基本风压	$q_b=\frac{1}{2}\cdot\rho\cdot v_b^2$			

续上表

EN 1991-1-4			BS 6399-2	
参数名称	通用	英国国家附件	参数名称	
暴露系数	$c_e(z)$	$c_e(z-h_{dis}$,平坦区域)	(地形和建筑系数)^2	S_b^2(标准的)
		$c_e(z-h_{dis})$		S_b^2(定向的)
峰值动压	$q_p(z)$	$q_p(z-h_{dis})$	动态压力	$q=\frac{1}{2}\cdot\rho\cdot(V_s\cdot S_b)^2$

第5章　风荷载

本章涉及EN 1991-1-4 *第5章*以下条款所述的风对结构的作用：

- 一般规定　*条款5.1*
- 表面风压　*条款5.2*
- 风荷载　*条款5.3*

5.1　一般规定

与世界上所有的风荷载规范一样，EN 1991-1-4要求结构上的风荷载应同时考虑通过内外表面压力造成的内外表面的作用。任何外表面上的净压力都是这些外部和内部压力之间的差值。任何内部隔断上的净压力都是隔断两侧的内部压力差。 *条款5.1(1)P*

- 外部压力直接由结构周围的气流产生。
- 内部压力是由结构表面的外部压力分布驱动，经过外围护上的开孔(洞)的气流平衡产生的。

显然，当结构没有大量空气围绕时，内部压力不会存在；例如，格栅塔和边界墙没有"内部"。当结构具有大洞口时，"内部"和"外部"之间的区别就变得模糊，且欧洲标准采用与BS 6399-2[1]相同的规定。

- 如果结构围成了一个空间，并且有一个或多个面由永久墙形成，但有些面是完全敞开的，则视为具有"内部"和"外部"，需要确定内部和外部压力。例如运动场看台和飞机库。
- 如果结构没有封闭空间，或没有由永久墙形成的面，则净压力直接由每个表面确定。例如，独立墙和加油站的挑篷。

5.2　表面风压

作用在外表面上的风压 w_e 由外压系数 c_{pe} 乘以参考高度 z_e 处的峰值动压 $q_p(z_e)$ 得到，其中 c_{pe} 从EN 1991-1-4 第7章中获得，即式(5.1)： *条款5.2(1)*

$$w_e = q_p(z_e - h_{dis}) \cdot c_{pe} \tag{D5.1}$$

同样，作用在内表面上的风压由内压系数 c_{pi} 乘以参考高度 z_e 处的峰值动压 $q_p(z_e)$ 得到，其中 c_{pi} 从EN 1991-1-4 第7章中获得，即式(5.2)： *条款5.2(2)*

$$w_i = q_p(z_e - h_{dis}) \cdot c_{pi} \tag{D5.2}$$

EN 1991-1-4 第7 章的相关表格中给出了所需的参考高度。当国家附件允许使用位移高度 h_{dis}时,参考高度的有效值减至$z_e - h_{dis}$,因此式(D5.1)和式(D5.2)在欧洲标准给出的表达式中用 $z_e - h_{dis}$代替 z_e。

条款5.2(3)

作用在表面上的净压力就是两侧压力的差:

$$w = w_e - w_i \tag{D5.3}$$

5.3 风荷载

条款5.3(1)

作用于整个结构或结构的一个组成部分的风荷载可通过以下两种方式确定:

- 间接通过对结构表面压力和摩擦应力的分量求和;
- 直接通过对适用于整个结构的风荷载系数求平均值或对结构构件上的力求矢量和。

当风荷载系数与整个结构相关时,将有一个相关的参考面积 A_{ref}。这通常是与风荷载相关的面积。例如,总荷载与风(阻力)方向一致的情况下,矩形平面建筑迎风面的区域。该规定的一个例外适用于格构式桁架。对于三肢和四肢格构式桁架,参考面积是这些桁架的*单个参考面*中构件的实体面积。风荷载系数的数值始终与参考面积的定义相匹配,因此四肢桁架的 c_f将大于具有相同坚固性的三肢桁架的 c_f,因为四肢桁架多一个面来承受风荷载。

条款5.3(2)

式(5.4)通过将结构上的力矢量求和,给出全部风荷载的一般情况:

$$F_w = c_s c_d \cdot \sum_{\text{构件数}} [c_f \cdot q_p(z_e) \cdot A_{ref}] \tag{D5.4}$$

也就是说,用 EN 1991-1-4 第6 章中定义的结构系数 $c_s c_d$乘以所有构件上的荷载之和,表示该系数考虑了尺寸效应和结构动力的组合作用(下文将看到,欧洲标准允许将结构系数 $c_s c_d$拆分为尺寸系数 c_s和动力系数 c_d)。对于单片结构的特定情况,因只有一个荷载系数,式(5.3)用只有一个构件的一般情况给出。

条款5.3(2)

总风荷载是通过将内外压分量和摩擦应力相加得到的,由式(5.5)、式(5.6)和式(5.7)得出:

$$F_w = c_s c_d \cdot \sum_{\substack{\text{表面}\\ \text{外部荷载}}} (w_e \cdot A_{ref}) + \sum_{\substack{\text{表面}\\ \text{内部荷载}}} (w_i \cdot A_{ref}) + c_{fr} \cdot \underset{\text{摩擦力}}{q_p} (z) \cdot A_{fr} \tag{D5.5}$$

需要注意的是,结构系数 $c_s c_d$的尺寸和动力响应仅限于外部构件,因为欧洲标准假定内部压力和摩擦应力是与表面完全相关的固定值。这个假定对于内部压力是适用的,它取决于内部体积,但不适用于摩擦应力。正如最小阵风引起的外部法向压力的局部湍流(脉动)不会同时作用于大面积表面一样,这些最小阵风的摩擦效应也不会同时作用。

对于封闭建筑上的合力,内部荷载预计会被抵消。但对于建筑表面上的净荷载,内部压力很重要,EN 1991-1-4 不考虑建筑体积对内部压力的影响。

条款5.3(4)

摩擦力只作用于平行于风的表面,与压力相比摩擦力很小,因此,只有当平行于风的表面面积很大时,摩擦力才会变得显著。因此,当平行于风的表面总面积小于迎风面和背风面总面积的4 倍时,EN 1991-1-4 的5.3(4)允许忽略摩擦效应。

EN 1991-1-4 假定摩擦荷载与风速是完全相关的，不考虑阵风在平行于风的表面上的异步作用。BS 6399-2[1]包含法向压力和摩擦应力下有效风速的尺寸效应。在欧洲标准中，摩擦应力与风速完全相关的假定是保守的，但是摩擦力对大跨度建筑的贡献通常约为合力的 10%，而对于一般建筑其贡献占比更小，因此这种假定的保守性影响通常不大。然而，摩擦应力主导了平屋面结构的拉力，在这种情况下，假定保守性的影响可能较显著。

条款5.3(4)

英国国家附件2.19

用迎风面或背风面上的压力相加得到的力表示该面的最大瞬时荷载。然而，这两个力的最大值不太可能同时出现，因为迎风面和背风面上的压力波动之间缺乏相关性。因此，最大总荷载小于最大面荷载之和。EN 1991-1-4 中 5.3(5) 的注允许国家选择是否普遍考虑这种影响，或如下文 7.2.2(3) 所述，仅限墙面使用。英国国家附件允许将 NA 2.19 中定义的折减系数应用于所有迎风面和背风面(即墙面和屋面)的水平力分量。对于法向垂直于屋檐的倾斜屋面，从前屋檐到屋脊的正面被解释为“迎风”，从屋脊到后屋檐的背面被解释为“背风”。

对照 BS 6399-2[1] 的风荷载参数汇总

EN 1991-1-4			BS 6399-2	
参数名称	通用	英国国家附件	参数名称	
参考高度		z_e	参考高度	H_{ref}
峰值动压	$q_p(z_e)$	$q_p(z_e-h_{dis})$	动态压力	$q=\frac{1}{2}\cdot\rho\cdot(V_s\cdot S_b)^2$
外压系数		C_{pe}	外压系数	C_{pe}
外压	$w_e=q_p(z_e)\cdot c_{pe}$	$w_e=q_p(z_e-h_{dis})\cdot c_{pe}$	外压	$p_e=q_e\cdot C_{pe}$
内压系数	c_{pi}		内压系数	C_{pi}
内压	$w_i=q_p(z_e)\cdot c_{pi}$	$w_i=q_p(z_e-h_{dis})\cdot c_{pi}$	内压	$p_i=q_e\cdot C_{pi}$
净压力		$w=w_e-w_i$	净压力	$p=p_e-p_i$
尺寸系数	$c_s\cdot c_d$	c_s	尺寸效应系数	C_a
动力系数	c_d		I+动力增强系数	$I+C_r$
参照面积	A_{ref}		加载面积	A
外部力	$F_{w,e}=c_sc_d\cdot\Sigma(w_e\cdot A_{ref})$		外部荷载	$P_e=\Sigma(p_e\cdot C_{a,e}\cdot A)$
内部力	$F_{w,i}=\Sigma(w_i\cdot A_{ref})$		内部荷载	$P_i=\Sigma(p_i\cdot C_{a,i}\cdot A)$
平行风向面积	A_{fr}		过风面积	A_s
摩擦力	$F_{fr}=c_{fr}\cdot q_p\cdot A_{fr}$		摩擦力	$p_f=q_s\cdot C_f\cdot A_s\cdot C_a$
总水平力	$F_w=0.85\cdot F_{w,e}+F_{w,i}+F_{fr}$		总水平荷载	$P=0.85\cdot\Sigma(p_e\cdot C_{a,e}\cdot A)\cdot(I+C_r)$

第 6 章　结构系数 $c_s c_d$

本章涉及在国家附件允许 $c_s c_d$ 分为 2 部分时,通过结构系数 $c_s c_d$ 或其分量(尺寸系数 c_s 和动力系数 c_d)确定基本振动模式下结构的动力响应。本章内容参见 EN 1991-1-4 第6章的下列条款:

- 一般规定　　*条款6.1*
- $c_s c_d$ 的确定　　*条款6.2*
- 详细步骤　　*条款6.3*

6.1　一般规定

条款6.1(1)

结构系数包括以下因素的综合影响:

- 结构面上峰值风压的异步作用,通常称为"尺寸效应";
- 由于湍流的作用,结构在其基本模式下的振动,通常称为"动力响应"。

注意迎风面和背风面上力之间的异步作用不包括在结构系数中,它由 EN 1991-1-4中 7.2.2(3)的 1 个简单校准系数考虑。

阵风对结构表面的异步作用会降低表面平均的最大瞬时压力。自 1884 年本杰明·贝克(Benjamin Baker)在准备设计第 4 座铁路桥梁时,测量了不同尺寸的钢板在风中的受力情况后,人们就知道了这一点。贝克发现,与较大的板相比,较小的板所承受的风荷载与它们的大小成正比,并正确地将这种影响归因于相对于板的阵风大小。

另一方面,柔性结构在其固有振动频率下的共振往往会放大其对脉动荷载的响应,从而使结构系数所包含的两种效应趋于相互补偿。

EN 1991-1-4 中 6.1(1)的注允许国家选择是否将结构系数分为以下两部分:

- 尺寸系数 c_s
- 动力系数 c_d

对于整个结构的整体响应,将这两种效应结合在一起是合理的,因为这简化了计算工作。然而 EN 1991-1-4 中用于表示动力响应分量的模型仅适用于处于第一悬臂梁振型的建筑结构响应,不适用于桥梁或可被视为静力建筑结构的单个构件。因此,对于桥梁和建筑的结构构件,应分别采用尺寸系数和动力系数考虑作用的计算。

英国国家附件允许将结构系数分为两部分，预计其他国家附件也将允许结构系数的分离。表 NA.3 给出了尺寸系数 c_s 的值，它取决于构件的宽度与高度之和 $(b+h)$。这与 BS 6399-2[1] 所使用的对角线尺寸 $a=\sqrt{(b^2+h^2)}$ 不同。图 NA.9 给出了各种典型结构类型的动力系数 c_d 值。 *英国国家附件2.20*

对于基本模式下建筑的动力响应，英国用户可选择使用欧洲标准的组合结构系数 c_sc_d，或采用单独的系数：尺寸系数 c_s 和动力系数 c_d。因为方法是一致的，所有被选择的方法计算的结果应该没有区别。如下文第 8 章所述，英国国家附件给出了适用于桥梁的其他规定，其来源于英国现行做法。但是对于欧洲标准范围之外的结构和结构构件，最好使用单独的参数。对于被认为是静力的构件，$c_d=1$，并且只应采用尺寸系数 c_s。对于欧洲标准当前范围之外的其他动力结构，用户需要确定符合欧洲标准原则性规定的等效动力系数 c_d，或寻求外部指导。

6.2　c_sc_d 的确定

EN 1991-1-4 的 6.2(1) 定义了一系列假定 $c_sc_d=1$ 的情况，完全避免了计算过程。这些都是小型结构或结构构件，其尺寸效应和动力效应都很小，但往往会相互补偿。这些情况包括： *条款6.2(1)*

- 高度低于 15m 的建筑；
- 固有频率高于 5Hz 的建筑构件；
- 结构墙高度小于 100m 的框架建筑，且高度小于风内深度的 4 倍($h/d<4$)；
- 高度低于 60m 的圆形烟囱，且高度小于直径的 6.5 倍($h/d<6.5$)。

此假定通常是保守的，因此 6.2.1 中使用“可”一词，允许在这些情况下使用 6.3.1 中的具体方法，以期得出 $c_sc_d<1$。

除 EN 1991-1-4 第 8 章中被视为独立案例的桥梁外，应使用 6.3.1 的具体方法确定结构系数 c_sc_d，除非国家附件要求将结构系数分解为其组成部分，即尺寸系数 c_s 和动力系数 c_d（例如英国）。附录 F 给出了确定结构固有频率的指南（见下文 9.6）。 *条款6.2(1)，注1*

附录 D 给出了各种常见结构类型的总体响应的 c_sc_d 值，这些结构类型符合免于计算的规定。这些值被描述为“包络”值，意味着它们是上限值，并且通常是保守的。 *条款6.2(1)，注2*

6.3　详细步骤

6.3.1　结构系数 c_sc_d

EN 1991-1-4 中 6.3.1 的计算方法将结构在顺风向上的动力响应评定为“背景”分量和“共振”分量的均方根。背景分量代表结构对大气湍流的准稳态（即未放大）响应，而共振部分代表结构在其固有频率下的动态振荡。这通常称为 Davenport 方法[9]。 *条款6.3.1(1)*

因为术语“参考高度”用于许多不同的目的,所以可能会出现混淆。这里,确定组合系数 $c_s c_d$ 的方法需要结构上整体风效应的代表值,这些值是在由符号 z_s 指定的基准参考高度处计算得出的,并在 EN 1991-1-4 中 6.3.1 的图 6.1 中定义了 3 类结构。**值得注意的是,“垂直结构”(如建筑)的参考高度 z_s =0.6h 仅计算 $c_s c_d$ 所需的风参数**(以及英国 NAD 中的 c_{alt}——见上文 4.2.1)。当使用 EN 1991-1-4 中第 7 章的力系数计算动压时,定义了一个由符号 z_e 表示的参考高度,该高度始终对应于结构或结构部件的顶部。**如果将图 6.1 中 z_s 错误地代入动压的计算中,就会严重低估设计风荷载。**

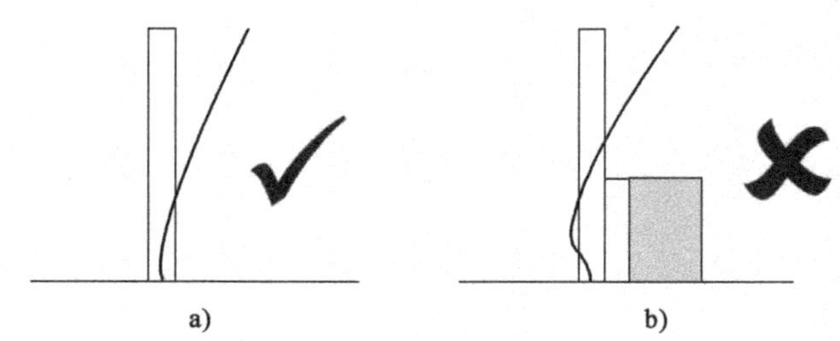

图 D6.1　烟囱的基本振型

a)悬臂模式;b)支撑模式

重要提示

参考高度 z_s 用于推导代表结构动力响应的风参数。实际上这些参数集成在结构的振型(例如高度)上,因此这些单一高度值是一个简化模型。虽然这在一些

重要提示

典型情况下是足够的,但在许多情况下使用一个参考高度可能不合适。例如图 D4.10显示,依据至海岸线的距离(以及至市区的距离),驱动动力响应的均方根湍流将在地面上的某个高度上升到峰值,因此 EN 1991-1-4 中 6.3.1 的图 6.1 中定义的参考高度可能不保守。类似的考虑也适用于山顶上的区域,在这种情况下用户应该寻求专家的建议。

条款6.3.1(1),注3

EN 1991-1-4 中 6.3.1 的式(6.1)给出结构系数 $c_s c_d$ 的组合效应,式(6.2)和式(6.3)分别给出构件的尺寸系数 c_s 和动力系数 c_d。当使用这些公式时,注 3 允许在国家附件中规定关键参数的值。备选方法见附录 B——成熟的 Davenport 方法[9],并做了一些修改,这是 ENV 中使用的方法;而附录 C——一种新的方法(由 Dyrbye 和 Hansen 提出[14]),其提出者声称给出的值与另一种方法相差不到 5%。有人可能会理性地问,如果两种方法相差不到 5%,为什么还要给出两种备选方法?答案与起草过程中的国家竞争有关。

英国国家附件 2.21

每个国家附件必须说明采用这些相互竞争的方法中的哪一种或两种作为成员国的规范性方法。英国国家附件采用附录 B 作为规范性附录,但前提是该方法确定的 k_p 值不得小于 3.5。用附录 B 得出:表 NA.3 给出的结构系数 c_s 的值和图 NA.9给出的动力系数 c_d 的值。英国国家附件规定,附录 C 不应在英国使用。

条款6.3.1(2)P

EN 1991-1-4 的式(6.1)给出的方法仅对基本模式下结构的顺风响应有效,并且仅当振型具有不变的符号时有效。这被表达为一种“原则性规定”。因此,如图 D6.1所示,悬臂模式(图 D6.1a)下烟囱的响应可通过该方法进行评估,因为这

种挠度仅是顺风向的（符号不变），但支撑模式（图 D6.1b）不能被评估，因为振型包括反向符号区域。

6.3.2　适用性评估

为了评估适用性，EN 1991-1-4 除了要求考虑最大风挠度外，还应考虑任何给定高度的最大顺风加速度，以确保业主所遇到的构件的运动保持在可接受的范围内。两个备选附件中的每一个都给出了一种方法，即附录 B 和附录 C。 *条款6.3.2(1)*

如上所述，每个国家附件必须说明采用这些相互竞争的方法中的哪一种或两种作为规范性方法。英国国家附件采用附录 B 作为规范性方法，并规定不应使用附录 C。 *英国国家附件2.22*

6.3.3　尾流抖振

当细长建筑（$h/d>4$）和烟囱（$h/d>6.5$）成组排列时，迎风结构周围的风产生的湍流增加了风的阵发次数，增加了受其尾流影响的顺风结构的动力响应，也就是说，迎风结构将湍流尾流投射到顺风结构上，这种增加的动力响应称为“尾流抖振”。 *条款6.3.3(1)*

当结构之间的间距大于横风宽度的 25 倍，或受到尾流抖振影响的下风向结构固有频率高于 1Hz 时，尾流抖振可以忽略不计，且设计中不需要考虑尾流抖振。 *条款6.3.3(2)*

如果未超过 EN 1991-1-4 的 6.3.3(2) 规定的限值，则应考虑尾流抖振，而欧洲标准建议采用风洞试验或专家建议。

第 7 章　风压系数和力系数

本章所定义的风压系数和力系数仅仅取决于结构的外部形状,与结构形式及所在位置无关。本章内容参见 EN 1991-1-4 *第7章*的下列条款:

- 一般规定　*条款7.1*
- 建筑风压系数　*条款7.2*
- 挑篷屋面　*条款7.3*
- 自立墙、女儿墙、栏杆和广告牌　*条款7.4*
- 摩擦系数　*条款7.5*
- 矩形截面结构构件　*条款7.6*
- 尖角截面结构构件　*条款7.7*
- 正多边形截面结构构件　*条款7.8*
- 圆柱体　*条款7.9*
- 球体　*条款7.10*
- 格构式结构和脚手架　*条款7.11*
- 标识旗　*条款7.12*
- 有效长细比 λ 和端部效应因子 ψ_λ　*条款7.13*

本章的拟适用范围为除桥梁之外的所有结构(桥梁在 EN 1991-1-4 *第8章*单独介绍)。然而,除建筑之外的大多数其他结构都不包括在 EN 1991-1-4 目前的适用范围内,因此 EN 1991-1-4 *第7章*的适用范围实际上就限定为建筑。

然而,EN 1991-1-4 所提供的数据资料存在很大的不一致性。大量的一般建筑形状资料缺失或者没有详细说明,而在现行标准(例如 BS 6399-2[1])、发布的指导手册或者同行评议期刊中都可以查到相关的可靠数据。EN 1991-1-4 对于没有或几乎没有出处的次重要信息也给予了同等重视,比如下文中 7.12"标识旗"。英国国家附件的背景文件[xx]中有进一步的说明。

7.1　一般规定

条款7.1(1)　结构风荷载的气动效应采用前文中 1.6.4 和 1.6.5 所定义的风压系数和力系数来定义。根据结构形式,可以采用以下系数:

- *内压系数和外压系数*——用于计算内表面和外表面的法向风压分布。要求确定表面荷载(例如围护板荷载)分布时需要用到内压系数和外压系数。在某些情况下，内压系数可通过外压分布系数和结构透风性来确定。

- *净压系数*——用于计算经过一个表面的净法向风压。当结构没有“内部”，表面两面都暴露在风场之中时（例如挑篷和界墙）需要用到净压系数。
- *摩擦系数*——用于计算由摩擦力或者（例如肋板或波纹板的）表面突出上的累积法向应力引起的切向风压。
- *力系数*——当不需要确定空间分布时，用于计算结构整体荷载或者单独构件单元荷载。

7.1.1　气动系数选择

EN 1991-1-4 的第 7 章指导用户选择适用的章节，给出了每一类结构的气动系数。注 2 解释了欧洲标准给出的两种外压系数，即“整体外压系数”和“局部外压系数”，后续的 7.2.1 对此进行了说明。另一个注解释了力系数，其表征作用在结构上的法向和切向风压的整体效应，除非特别说明，也包括摩擦力。 *条款7.1.1(1)~(4)*

7.1.2　非对称与有利风压和风荷载

荷载的复杂模式被简化成了 EN 1991-1-4 要求的简化形式并被用等压区表示，因此非对称荷载信息易丢失。EN 1991-1-4 将建筑的外压系数简化成 4 种正交情况，其中风压系数区和数值沿正交方向对称。因此，这些 EN 1991-1-4 中的系数不能预测扭转效应。为了弥补这一不足，对于非对称荷载敏感的结构需要特别考虑，如拱形结构、壳结构或扭转核心墙。 *条款7.1.2(1)*

EN 1991-1-4 的 7.1.2(2) 指导用户使用关于“*建筑、自立式挑篷和广告牌*”的具体规定。对于非对称性，虽然在自立式挑篷和广告牌的计算方法中对其给出了规定，但建筑的计算方法中并没有将其全面涵盖，所以这里提到的“建筑”是不准确的。该条款的注给出了： *条款7.1.2(2)*

- 考虑建筑扭转的推荐计算方法（EN 1991-1-4 中图 7.1）；
- 考虑有利或者“*反作用*”荷载的一般保守计算方法。

欧洲标准推荐的计算建筑扭转的方法见 EN 1991-1-4 中的图 7.1，即本章的图 D7.1a)，如下所示。本质上，欧洲标准的规定是对迎风面压力施加线性梯度变化以得到净扭转。该规定的校准表明它低估了正交工况中风向引起的非对称荷载。不过，国家可以选择采用还是替换此规定。英国国家附件通过设置迎风面压力和背风面压力的线性梯度来解决这个问题，如 EN 1991-1-4 中的图 NA.10，即本章图 D7.1b)。其他国家附件可采用类似的或者不同的方法，例如将受力中心从扭转中心定量偏移。 *英国国家附件2.23*

国家附件可给出考虑非对称荷载和反作用荷载的其他计算方法。

7.1.3　冰雪效应

风压系数和力系数主要取决于结构的外形。EN 1991-1-4 的 7.1.3 提醒用户，冰雪的覆盖可对结构的面积和外形带来巨大的变化。特别是细格构式结构可因堵塞而变成事实上的实心。国家附件可给出具体规定和数据。关于这个问题， *条款7.1.3(1)*

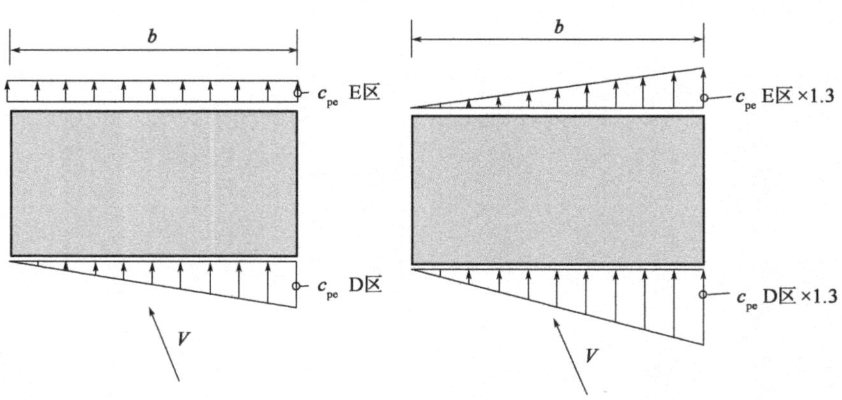

图 D7.1　考虑建筑扭转效应的推荐非对称荷载计算方法与英国非对称荷载计算方法的对比

英国国家附件 2.24

英国国家附件除了引导用户参考 EN 1993-3-1 获得关于桁架式塔架和桅杆的指南之外,没有给出其他指导。

7.2　建筑风压系数

7.2.1　一般规定

条款7.2.1(1)

EN 1991-1-4 的 7.2.1(1)指出外压系数取决于所考虑的荷载面积大小。实际上,外压取决于荷载面积的大小,其尺寸效应在上文中 5.3 进行了介绍并在第 6 章中有详细描述。当尺寸系数 c_s独立于结构系数 $c_s c_d$时,外压系数很有可能对尺寸效应不敏感,例如 BS 6399-2[1] 中的情况。

假定尺寸系数 c_s不被单独定义,EN 1991-1-4 定义了两类外压系数:

- “*整体系数*”,适用于确定荷载面积为 $10m^2$ 时的结构荷载,推荐的应用性规定是联合使用尺寸效应和动力响应,即 $c_s c_d$。
- “*局部系数*”,适用于确定荷载面积为 $1m^2$ 时的“*小构件和固定件*”荷载,如围护构件荷载。

局部系数之所以存在,主要是因为一些成员国不愿意降低现行规范中采用的非常高的局部系数,尽管有充分证据证明其过高。需要局部系数仅仅是因为推荐的应用性规定需要计算尺寸和动力响应系数,$c_s c_d$,其适用于整体结构荷载和整个结构基本模态下的响应,不能用于小型的围护构件。面积在 $1 \sim 10m^2$ 之间时,推荐的应用性规定允许在“整体”值和“局部”值之间进行对数插值。

英国国家附件 2.25

英国国家附件通过分离出尺寸系数 c_s并允许其与整体系数共同用于荷载面积大于 $1m^2$ 的所有情况,避免了上述问题,这与 BS 6399-2[1] 完全相同。因此,EN 1991-1-4的图 7.2 给出的 $1 \sim 10m^2$之间的插值规定是不合适的,而且由于会导致尺寸效应的重复计入,该规定在英国可能不被采用。如果允许选择,英国国家附件将根本不采用“局部”系数,但是在这里不允许国家对参数进行选择。因此,在英国的实践中,对于荷载面积大于 $1m^2$的所有情况,同时使用整体系数与尺寸系数，对于荷载面积等于或小于 $1m^2$ 的情况，则只使用局部系数而不使用尺寸系数。

关于建筑的外压系数，除了 EN 1991-1-4 给出的 0°、90°、180°和 270°正交风向下的值，还应考虑正交方向两侧 ±45°范围内的外压系数最大值。因此，这些外压系数直接等同于 BS 6399-2[1] 中的“标准方法”系数——实际上，整体系数来源于与 BS 6399-2 相同的方向源数据（见参考文献 15）——但是由于区域重新定义的微小差异，这些值可能略有不同。 *条款7.2.1(2)*

EN 1991-1-4 的第 1 版草案在附录中提供了详细的风向系数，其与 BS 6399-2 的方向方法一样，但是后续的草案删除了这些系数，以减少 EN 1991-1-4 的文件大小和复杂度。然而，由于两个规范都来自相同的源数据，BS 6399-2 的方向值可被合理地视为“非矛盾性补充信息”。

屋面挑檐的特殊规定与 BS 6399-2 中的相同，其下表面的压力等于对应位置处相邻近屋面的竖直墙面上的压力。作为较普遍的规定，可能有其他情况适合采用此做法，例如，墙壁上的竖梁或肋板。BS 6399-2 定义了一个阈值来区分大的挑檐和小的开敞式建筑，但是 EN 1991-1-4 规定由用户来判断选择。 *条款7.2.1(3)*

建筑风压系数区大小的判定依据对于大多数建筑形状是一致的。关键尺寸参数 e 被定义为 $e = b$ 或 $e = 2 \cdot h$，以较小者为准。例如，对于高塔，$e = b$；对于低矮大跨建筑，$e = 2 \cdot h$。这与 BS 6399-2 中使用的一般规定相同。

7.2.2　矩形平面建筑立墙

用于确定墙体动压的参考高度 z_e，在 7.2.2(1) 中被定义为墙面不同部分“最高处的高度”，这与英国现行做法是一致的（参见上文 6.3.1 中的“重要提示”）。 *条款7.2.2(1)*

EN 1991-1-4 中给出了将高层建筑迎风墙分割成若干不同部分的方法，这是“按部分划分规定”的一种变化。作为对降低荷载的让步，该规定在 1972 年英国风荷载标准修订版（CP3 第 5 章第 2 部分）中首次被引入，当时人们认为先前 1970 年版标准的整体荷载过大。这个规定立即被寻求降低围护构件风荷载方法的用户“抓住不放”。人们几乎马上注意到了这个规定在解释方面的缺陷，并且在 1974 年 BRE《风荷载手册》中提出了修正指南，将其应用限定在整体水平荷载，而不能用于局部“围护”荷载。

第一次将英国“按部分划分规定”列入 EN 1991-1-4 的提议，最初被所有其他成员国拒绝，理由是它不能普遍适用，但后来将该规定的适用范围限制为迎风墙后被接受了。然而，注释中允许国家附件将此规定用于背风墙和侧墙，但建议将背风墙和侧墙的参考高度作为建筑的高度，$z_e = h$。英国国家附件采用了注释的建议，限定“按部分划分规定”只应用于迎风面。 *英国国家附件2.26*

建筑的迎风墙和背风墙都被看作是一个恒定系数值的单一区域，而侧墙则从迎风角分成竖直的条带，每个条带的宽度使用参数 e 来确定。确定迎风值和背风值时要考虑建筑的高深比，这与 BS 6399-2 中标准方法的流程相同。对于迎风面，可以选择使用不同的参考高度： *条款7.2.2(2)*

- 迎风墙上的外部压力区由水平条带组成（系数不变，动压改变）；
- 侧墙上的外部压力区由竖直条带组成（系数改变，动压不变）；
- 背风墙为单一的压力区（系数不变，动压不变）。

条款7.2.2(2)，注2

表 7.1 给出了不同高深比，h/d（跨度比）对应的墙体风压压力系数值 c_{pe}。这与英国现行做法略有不同，英国现行做法只区分了 $h/d \geq 1.0$ 和 $h/d \leq 0.25$，并在这些限值之间允许插值。对于 $h/d > 5.0$，假定其对应于易发生动力效应的细高建筑，因此其在英国规范考虑范围之外。

条款7.2.2(3)

等效总阻力系数，即沿风向的力系数，是通过迎风和背风风压系数矢量求和得到的。迎风面（D 区）的最大风压系数和背风面（E 区）的最小风压系数（最大吸力）不可能在风向 ±45°范围内的同一风向上发生，因此不能同时作用，对它们求和增大了总阻力荷载。

英国国家附件 2.27

英国国家附件通过将表 7.1 替换为表 NA.4a 和表 NA.4b 来纠正这一缺陷。表 NA.4a 提供了迎风墙（D）和背风墙（E）的风压系数，并增加了它们同时组合时的净压系数、“净值”。这些系数取决于建筑的深宽比和高宽比，d/b 和 h/b。表 NA.4b提供了 3 个侧墙区 A 区、B 区和 C 区在两种情况“隔离”和“狭管效应”下的风压系数。这些系数不取决于建筑的尺寸比例。此处“狭管效应”这一术语适用于相邻建筑之间风的狭管效应，英国国家附件在表格的注中给出了符合当前英国实践的应用性规定。基本上，当两栋建筑之间的间隔在（$e/4$，$<e$）的范围内（e 为 $e=2h$ 或 $e=b$ 这两者中的较小值），且两栋建筑都竖立在迎风建筑的一般水平面以上时，“狭管效应”值适用于面向另一栋建筑的侧墙。“隔离”值对应于其他所有情况。

结构计算中难免出现要求在迎风面与背风面之间划分净荷载的情况，例如，在门式刚架的设计中。可从表 NA.4a 中给出的数值推导出两种临界荷载情况：

（1）当迎风面的荷载为表中 D 列给出的最大值 c_{pe}(D)时，其相对应的背风面的值应小于或等于向量和 $c_{pe}(\mathrm{E}) = c_{pe}(\mathrm{D}) - c_{pe}(\mathrm{net})$。

（2）当背风面的荷载为表中 E 列给出的最大值 c_{pe}(E)时，其相对应的背风面的值应小于或等于向量和 $c_{pe}(\mathrm{D}) = c_{pe}(\mathrm{net}) - c_{pe}(\mathrm{E})$。

因此，当 $h/d = 1$ 且 $h/b = 2$ 时，

对于情况 1：

$c_{pe}(\mathrm{D}) = +0.8$ 且 $c_{pe}(\mathrm{net}) = 1.1$，则 $c_{pe}(\mathrm{E}) = +0.8 - 1.1 = -0.3$

对于情况 2：

$c_{pe}(\mathrm{E}) = -0.4$ 且 $c_{pe}(\mathrm{net}) = 1.1$，则 $c_{pe}(\mathrm{D}) = 1.1 - 0.4 = 0.7$

对于任何结构构件的设计，其临界设计情况的选择均取决于其内部压力值。

EN 1991-1-4 中表 7.1 的注 2（和英国国家附件中表 NA.4a 的注 6），对于 $h/d > 5$ 的细高建筑，允许采用 EN 1991-1-4 的 7.6 及后续章节中的结构断面规定来确定力系数。该规定为用户提供了可以考虑高层建筑边角改圆带来的总阻力和力矩降低

的唯一方法(参见下文 7.6)。当沿风向的整体水平力由外部压力的总和决定时,允许因迎风面和背风面缺少相关性而导致的整体荷载的降低。该注释给出了下述建议:

- 对于 $h/d \geqslant 5$ 的高层建筑,该系数不变,荷载不降低;
- 对于 $h/d \leqslant 1$ 的低矮建筑,总荷载可降低,其系数为 0.85;
- 对于 $1 < h/d < 5$ 范围内的建筑,该系数可进行线性插值。

该规定几乎与 BS 6399-2[1] 中的英国现行做法等同,其允许将 0.85 的系数用于所有比例的建筑。该系数考虑了前后表面缺乏相关性以及波动压力对前后表面的异步作用,而尺寸系数 c_s 则考虑了不同受力面的相关性。系数值 0.85 意味着当前表面的压力达到最大时,后表面的压力接近平均值,反之亦然。这意味着,对于高层建筑,由于旋涡脱落作用,波动是完全相关的,但这只是保守的假定。

7.2.3　平屋面

在欧洲标准中,倾斜角小于 5°的屋面被定义为平屋面。屋面根据尺寸参数 e 分为迎风角和屋檐区、上风主区和下风主区。参考高度 z_e 总是计算至屋面的最高点,即女儿墙的顶部。EN 1991-1-4 分别给出了尖屋檐、女儿墙、弯曲屋檐和复折屋檐的系数值。在下风区,气流附着在屋面上,压力在 0 左右浮动,则风压系数规定为 ±0.2。基于内部压力或其他结构考量,风压系数适合采用更大的值。这些方法符合英国现行做法。 *条款7.2.3(1)~(5)*

7.2.4　单坡屋面

倾斜角等于或大于 5°的单一坡屋面被定义为单坡屋面。屋面根据参数 e 分为迎风角和屋檐/端边区、上风主区和下风主区。参考高度 z_e 总是计算至屋面的最高屋檐处。EN 1991-1-4 仅给出了尖屋檐的风压系数值。这些方法符合英国现行做法,此外 BS 6399-2[1] 给出了带有女儿墙、弯曲屋檐和复折屋檐等形式的单坡屋面的补充规定。 *条款7.2.4(1)~(3)*

7.2.5　双坡屋面

倾斜角大于或等于 5°的脊状或槽状的两坡屋面被定义为双坡屋面。但是,EN 1991-1-4 的 7.2.5 仅给出了倾斜坡度相同的屋面的风压系数值。对于倾斜坡度不同但相当接近的情况,应采用上风坡的倾斜坡度作为基准。屋面根据参数 e 分为迎风角、屋檐/端边区和屋脊区、上风主区和下风主区。参考高度 z_e 总是计算至屋面的最高点。EN 1991-1-4 仅给出了尖屋檐的风压系数值。这些方法符合英国现行做法,此外 BS 6399-2 给出了对于带有女儿墙、弯曲屋檐和复折屋檐等形式双坡屋面的补充规定,以及对于倾斜角不同的双坡屋面的指导建议。 *条款7.2.5(1)~(3)*

7.2.6　四坡屋面

EN 1991-1-4 的 7.2.6 包含了所有倾斜角大于或等于 5°的四坡屋面,甚至包含屋面的倾斜角与屋脊的倾斜角不同的情况。正如注 3 中所述,基准倾斜角总是 *条款7.2.6(1)~(3)*

迎风面的倾斜角。屋面根据参数 e 分为迎风角、屋檐/端边区和屋脊区、上风主区和下风主区。参考高度 z_e 总是计算至屋面的最高点。EN 1991-1-4 仅给出了尖屋檐的风压系数值。这些方法符合英国现行做法,此外 BS 6399-2[1] 给出了对于带有女儿墙、弯曲屋檐和复折屋檐等形式屋面的补充规定,以及对于倾斜角各不相同的屋面的指导建议。

7.2.7 多跨屋面

条款 7.2.7(1) ~ (3)

多跨屋面的风压系数由具有相同倾斜度的同类型单坡屋面的风压系数确定,对于下风跨度留有降低系数的余地。其规定与 BS 6399-2[1] 中的英国现行做法基本相同。EN 1991-1-4 中图 7.10 给出了对于多跨单坡(锯齿形)屋面和多跨双坡屋面规定的解释。对于多跨双坡屋面,所有的在上风屋脊和下风屋脊间的斜面均可认为是有负倾斜角的檐槽。多跨四坡屋面没有特别说明,可采用多跨双坡屋面的规定。

7.2.8 拱形屋面和穹顶

条款 7.2.8(1)

EN 1991-1-4 提供的拱形屋面和穹顶的风压系数值原始来源和出处不详。这并不是在模拟边界层中获得的唯一一组数据,1990 年巴西一所大学测量了该模拟边界层[15],而且只给出了平均值。后来公布的数据也没有包括进来,因为这些值看来是从先前的国家标准中复制的。由于存在这些缺陷,EN 1991-1-4 允许国家对这些值进行选择。

英国国家附件 2.28

由于拱形屋面目前是轻工业建筑的一种流行的屋面形式,英国建筑研究机构最近进行了一项研究来验证这些值。所用的分析步骤与墙面、平屋面和坡屋面等风压系数源数据的分析方法完全相同。这项研究结果与 EN 1991-1-4 的图 7.11 中的值有显著差异。因此,英国国家附件使用与图 7.11 相同的表示格式,在图 NA.10 和图 NA.11 中为拱形屋面提供了新的、更好的值。该研究没有涉及穹顶的数据,因此英国国家附件由于缺乏可靠的备选方案而保留了穹顶的推荐值。

7.2.9 内部风压

条款 7.2.9(1)P

建筑的内部压力由外部压力分布驱动的、通过开孔进入建筑内部的气流的平衡决定。原则上应考虑内压和外压同时作用,还要考虑最不利组合,“*可能的开孔和泄漏路径的每一个组合都应考虑*”。该要求作为一个原则性规定,是全方位的,包括选择性主开孔的情况,其在前面 2.3 中被提到并在下文中得到了更详细的说明。这样,设计人员有责任预计所有人最终可能采用的建筑使用模式(参见 1.3)。然而,由于对内部压力范围有确定的限制,所以“每一个组合”要求并没有看上去那么麻烦。一个限制是由小型开孔的封闭式建筑决定,另一个限制则由开敞式建筑或大型主开孔建筑决定。

值得注意的是,“最不利”的内部压力通常没有一个简单的单一定义。较大的正向内压减小了迎风墙上的荷载,但增加了侧墙和背风墙上的荷载。较大的负向内压的作用则相反。但是,任何一个特定的荷载都可以改为是“最不利”的,如屋面上最不利的**上升力**总是由最**正向**的内压造成的。

当建筑至少两面有开孔（墙面或屋面），且开孔面积大于该面积的 30% 时，建筑应按以下两种情况之一来处理： *条款7.2.9(2)*

- 若建筑至少有两面开孔墙，则按照 7.3 处理为独立的挑篷屋面；
- 若建筑没有屋面，则按照 7.4 处理为一组独立墙面。

7.3 中仅给出了挑篷屋面的值，并未给出其相关的墙面的值，因此给看台等开敞式建筑的取值造成了困难。英国风荷载标准 BS 6399-2[1]给出了有屋面和至少一面墙的开放式建筑的内部压力值。将其作为“非矛盾性补充信息”来补充 EN 1991-1-4中存在墙体值缺失情况的墙面值是合理的。

条款 7.2.9(2) 的注给出了关于建筑典型透气性的建议，但是准许国家附件提供证实性附加信息。由于各个成员国因气候差异和节能规定不同而对建筑的透气性规定不同，所以预计大多数国家附件一定会提供附加信息。英国国家附件在表 NA.5 中提供了一些典型建筑形式的数值，但并不完整。 *英国国家附件2.30*

“主开孔”被定义为，当建筑任一面的开孔面积为其他面开孔面积的至少 2 倍以上的开孔。注意该定义也适用于建筑内的子部分，如房间，用来确定内部墙体、天花板和隔墙上的荷载。内部压力按主开孔的外部压力乘以系数来确定，其规定如下： *条款7.2.9(4)、(5)*

- 当主开孔的面积 2 倍于其他开孔，内部压力为主开孔外部压力的 75%；
- 当主开孔的面积 3 倍于其他开孔，内部压力为主开孔外部压力的 90%；
- 当主开孔的面积在其他开孔面积的 2 ~ 3 倍之间时，其值为上述两种情况的线性内插值。这与英国现行做法相同。

通常关闭但打开时占主导地位的开孔一般称为选择性主开孔。条款 7.2.9(3) 重复了条款 2(4) 的要求，所以在上文 2.3 中所给出的提示也重复如下：**如果错误地解读其值为充分适用的，则很可能会导致不安全的设计。** *条款7.2.9(3)* *重要提示*

当评估极限状态时，通常将所有的选择性开孔看作是关闭的，但是当评估使用状态时，应将其看作是打开的。对于一个在迎风墙面上有选择性主开孔的大跨度屋面，如飞机库，其门打开时屋面的净升力系数可能是关闭时的两倍以上。屋面升力荷载的关键设计情况由概率系数的平方 $(c_{prob})^2$［见式(4.2)］和风局部载荷系数 γ_f（见 EN 1990）共同决定。对于承载能力极限状态，门关闭时，$c_{prob}=1$ 且 $\gamma_f=1.4$。对于正常使用状态，$(c_{prob})^2$ 取决于在使用条件下的设计风险且 $\gamma_f=1$。若在主开孔关闭时没有相应的条款来确保安全，那么设计风险可能不会降低，此时 $c_{prob}=1$，且门打开时的使用状态会产生最大的升力。

虽然有理由预计，在不太可能出现的最大设计风暴的情况下，常闭的大门确实会关闭，但这扇门极有可能在不太严重的风况下打开。一种方法是使“开门”使用状态与“关门”极限状态具有相等的 c_{prob} 值，然后反向计算相应的年度风险 p，并确定这是否代表可接受的风险。对于正在施工的建筑，“打开”情况是暂时的，也

可以采用季节系数 c_{season}。如果选择性主开孔在风暴中被确保关闭,英国目前最佳做法是由 BRE《规范 436》[8]给出的,也就是应用 BS 6399-2[1]的概率系数 $S_p = c_{prob} = 0.85$,得到$(c_{prob})^2 = 0.72$。根据这些规定,通常关键设计工况的极限状态(关闭)和使用状态(打开)的荷载几乎相等。

重要提示

当把责任转移给建筑用户时,有必要建立一个协议:在风速增加到一个值(此时超过使用极限状态)之前关闭选择性主开孔,并确保业主理解他/她在这方面的责任。

条款7.2.9(6)

对于所有没有主开孔的建筑,其内部压力如图 7.13 所示,取决于建筑的比例。增加一些注释后,此图被重新绘制,如图 D7.2 所示。此图包含参数透风率 μ,其定义为:

$$\mu = \frac{c_{pe} \leqslant 0 \text{ 的开孔面积总和}}{\text{总开孔面积}} \tag{D7.1}$$

一般来说,$c_{pe}\leqslant 0$ 的开孔面积是指表面上的全部开孔,除了那些迎风墙和坡度陡峭的迎风屋面。图 D7.2 中的注说明了 BS 6399-2[1] 中 c_{pi}值的相应范围。图中显示了 μ 值或建筑平面图的一些比例,其假定每面墙开孔率相同(且屋面不开孔)。最小的典型值是 $\mu = 0.5$,对应于前后表面多孔以及边墙和屋面不开孔的板建筑,其具有一个小的正内压系数。只有在迎风墙比其他墙开更多孔时,才有更小的 μ 值和更大的正内部压力。大多数典型建筑的内压力系数都是绝对值较小的负值。

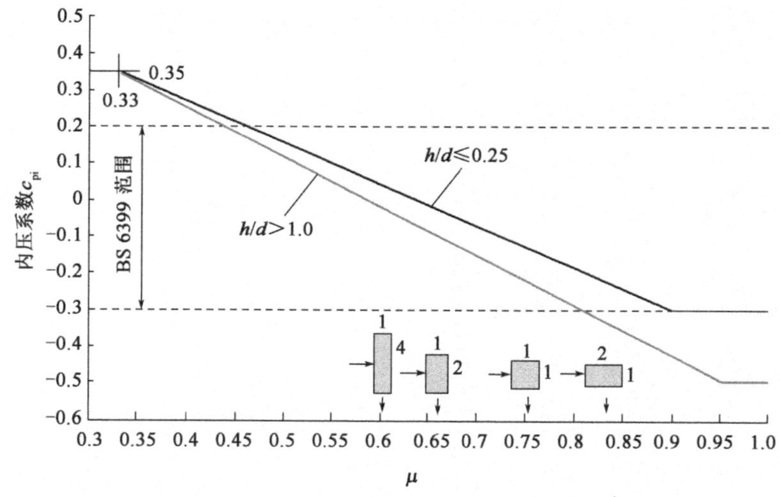

图 D7.2　均匀分布开孔的内压系数

英国现行的确定建筑内压系数的做法是,对于"四壁同透"($\mu = 0.75$)的典型工况,采用 $c_{pi} = -0.3$;对于"迎风墙和背风墙同透,侧墙不透"($\mu = 0.5$)的较不典型工况,采用 $c_{pi} = +0.2$。欧洲标准关于内压系数的规定与英国现行的做法非常吻合,但是更加精确。

条款7.2.9(7)

在所有工况下,内压的参考高度 z_e 等于对内压有贡献的表面上的相应外压的参考高度。如果有几个起作用的开孔(包括没有主开孔的建筑),应使用最大参考高度。这意味着，当建筑在高度上呈阶梯状并具有一个共同的内部体积时，参考高度应取在较高部分的顶部高度。然而，如果建筑较高部分较小，建筑的其余部分也可以控制内压。内压的最大值，正或负，由这个规定给出，但不一定是最极端不利的值，这取决于相应外压的符号，所以这个规定不一定是保守的。

EN 1991-1-4 对敞顶筒仓、烟囱和通风罐也给出了内压系数。 *条款7.2.9(8)*

7.2.10 多层墙面和屋面的风压

具有多层墙面和屋面的典型例子是： *条款7.2.10(1)*

- 空心墙；
- 雨幕围墙；
- 沥青毡屋面；
- 用于覆盖或密封屋面的瓦或石板。

所有层之间的总压差可直接由外压和内压确定。当这些层充当复合结构时，总压差可能是设计的充分信息。当需要任意单层的压差时，其值取决于每层的相对孔隙度。 *条款7.2.10(2)*

透风率μ的定义是总开口面积与总表层面积之比，当μ小于0.1%时，表层被认为是不透风的。**这与式(D7.1)中的定义不同，符号μ因为不同的目的而在这里被重新使用**。注意，如果两个表层不透风，那么通过气体方程获得的两层间的空气压力将取决于大气压力和温度。但是，当与面积相比体积较小时，例如双层玻璃窗，可以假定净压差在两层之间平均分配。 *重要提示*

如果只有一个表层是可透风的，应假定不透风的表层承受全压差$c_{p,net}$。可透风表层的平均压差将接近于零，但是会随着时间波动，也可承受大约为$c_{p,net}/3$的最大瞬间荷载。 *条款7.2.10(3)*

在目前英国的设计方法中，$c_{p,net}/3$是雨幕围墙、平铺路面和绝缘板等所假定的比例。然而，EN 1991-1-4 假定这仅适用于吸力（“*负压*”），并建议正压（“*超压*”）比例应取为$c_{p,net}$的2/3。注中给出了许多推荐选项，它们适用于： *英国国家附件2.30*

- 如 EN 1991-1-4 中图7.14 所示，表层之间的中间层两端是密封的情况。在实践中，这需要将空腔沿着所有边缘进行有效密封，比如在空腔壁的角落和边缘处进行密封。
- 表层之间的间隙小于100mm的情况。

推荐的条件总结如下：

- 最刚性表层两侧的压差可以保守地取为全压差$w_{net}=w_e-w_i$。
- 以$w_{net}=w_e-w_i$计算不透风内层的压力，以$w_{net}=(w_e-w_i)/3$计算负压，用$w_{net}=2\cdot(w_e-w_i)/3$计算均匀透风外层的压力。
- 以$w_{net}=w_e-w_i$计算不透风外层的压力，以$w_{net}=w_i/3$计算均匀透风内层的压力。此时内层荷载仅来自于内压波动。
- 当内外层均不透风，并且内层刚性更大时，以$w_{net}=w_e$计算外层压力，以

$w_{net}=w_e-w_i$计算内层压力。

EN 1991-1-4 给出了压力系数 c_{pe}和 c_{pi}的规定。对于外压和内压可能有不同的参考高度 z_e,例如对于阶梯高度建筑,最好用最终计算得到的压力 w_e和 w_i来验算是否满足规定。

注意两层之间的压力总和永远不能超过净压力 $w_{net}=w_e-w_i$,这意味着每层的设计值不能同步应用。7.2.2 描述的分部规定也同样适用于此规定。

英国国家附件 2.31 以上规定若要具有规范性,必须被国家附件采纳,否则国家附件必须用其他规定取代这些规定。除了砖瓦屋顶或板条屋顶相关的情况应依据英国标准 BS 5534[18]设计,砌块空心墙应依据英国标准 BS 1996-1[19]设计,其他情况都可以依据英国国家附件设计。

注意这些规定的范围排除了一个日益普遍的趋势,即在离建筑立面足够远的地方安装玻璃幕墙以允许窗户打开,以便空气进入建筑立面和玻璃幕墙之间的受保护空间内。排除这种情况通常是因为玻璃幕墙表层间隙大于 100mm,而且边角通常是不密封的。这种缺陷需要在以后的修订中解决,与此同时,设计人员在高层建筑中使用玻璃幕墙促进自然通风时,需要寻求专家的建议。

7.3 挑篷屋面

条款7.3(1) 挑篷屋面的定义是无永久立墙结构的屋面,一般设计时只给出屋面区域净系数的定义,并且不给出墙面的参数值。这类屋面包括诸如加油站或荷兰式谷仓之类的结构。不幸的是,对于一个有两个开边和两面墙的建筑,用户需要参考条款 7.2.9(2)——参见上文 7.2.9,也就是用户需要参考非矛盾性补充信息(例 15)或寻求专家的建议。建筑入口处的挑篷不包括在内。

挑篷屋面下的压力取决于风在其屋面下流动的容易程度,即取决于阻塞程度。阻塞率 φ 为屋面下方实际阻碍物竖直风向投影面积与屋面下方竖直风向横截面积的比值,因此 $\varphi=0$ 表示挑篷下方无阻碍物,$\varphi=1$ 表示挑篷下方屋檐均被阻碍物阻挡。

条款7.3(3)~(5) 条款 7.3(3)~(5)给出了对于 $\varphi=0$ 和 $\varphi=1$ 时的净压系数值 $c_{p,net}$,中间阻塞率的净压系数可以用内插法得到。正值表示净向下力,负值表示净向上力。对于最大阻塞率 φ 的上风位置,应使用相应的值,但对于最大阻塞率 φ 的下风位置,应使用 $\varphi=0$ 时的值。如果填充物是堆叠的,例如在荷兰式谷仓中,使用更复杂的荷载是明智的。

条款7.3(6)~(9) 条款 7.3(6)中给出了不对称荷载的具体规定,在图 7.16 和图 7.17 中也进行了说明,这些规定将参考高度 z_e定义为屋檐高度(单坡挑篷取最高屋檐)。设计时需要考虑摩擦力(见下文 7.5),同时也要考虑挑篷的上表面和下表面都会被风吹过。该条款给出了多跨挑篷的第二跨度和后续跨度的折减系数。

总的来说,条款 7.3 中屋面的规定和数值符合英国的现行做法。

7.4　自立墙、女儿墙、栏杆和广告牌

本节不适用于第 8 章所论述的桥上的护栏和隔声屏障。本节给出了墙面净压力等参数值。本节不使用“按部分划分规定”(参见上文 7.2.2),除非已经假定净压力在迎风面与背风面之间如何划分。 *条款7.4(1)*

墙和围栏的实体比,采用和自立式屋面阻塞比相同的符号 φ,这里其定义是实心面积与表面积的比值,因此 $\varphi=0.8$ 表示实心面积占 80% 和开孔面积占 20%。假定开孔是合理的均匀分布。如果不是这样,比如顶部有栏杆的实心墙,应将结构划分成合理均匀的部分,并对每个部分使用 φ 值进行评估。但是,请注意每个部分的参考高度 z_e 都取结构的总高度。

任何 $\varphi \leqslant 0.8$ 的多孔墙或栏杆都应按照 7.11 描述的规定被看作平面格构框架。许多典型的栏杆都属于这一类别,但是平面格构框架的规定不包括其他迎风框架(栏杆)的遮挡效应。BS 6399-2[20] 指南包括遮挡规定,可被认为是非矛盾性补充信息。

7.4.1　自立墙和女儿墙

自立墙和女儿墙的本质区别在于自立墙立在地面上,而女儿墙立在一个建筑的顶上。条款 7.4.1(2) 的规定可以应用于这两个“极限”之间的任何其他自立墙,例如沿地面水平线阶梯变化的界墙。 *条款7.4.1(2)*

在所有这些工况下,参考高度 z_e 是从迎风面的地面至墙面等结构最高点的距离。

对于用由墙面自由端或回流角等处起算的墙面高度定义的区域,条款 7.4.1(1) 给出了 $\varphi=1.0$(实心)和 $\varphi=0.8$ 实体比的风压力系数值。接近自由端的荷载最高,最大荷载出现在风对自由端倾斜夹角约 45°时。这些自由端荷载随着墙体的增高而增加。回转角会减小这些荷载,但必须从墙角延伸至少一个墙高才算有效。 *条款7.4.1(1)*

英国国家附件 2.31 的注要求国家附件使上述数值变成规范性数值或用其他数值来代替。由于这些数值与英国现行做法非常相似,英国国家附件未加改变地采用了这些数值。 *英国国家附件2.31*

上述数值的来源非常好,其最初是在两个独立的试验室用风洞模型测量得到的,后来该数值通过了自然风中的实测证实。随着墙体长度的增加,端部荷载的增加是一个令人惊讶的发现,但是最近,这也被证实适用于大跨建筑(例如排房),但这一新发现没有反映在 EN 1991-1-4 中。

7.4.2　立墙和栏杆的遮挡系数

EN 1991-1-4 对于由其他迎风墙和栏杆对自立墙和栏杆的遮蔽给出了允许值,前提是这些遮蔽墙和栏杆至少与考虑的墙或栏杆一样高。没有其他标准有类似的规定允许用户考虑由一个结构对另一个结构的直接遮挡,因为总是有可能因 *条款7.4.2(1)*

为拆除而失去这个遮挡物。4.3.5 中已经给出的位移高度 h_{dis} 的允许值是有限值的,且假定存在许多遮挡物,拆除任何一个都不会降低设计风险。

在以下情况下允许考虑直接遮挡,因为:

- 典型的边界栏杆和墙体被设计成郊区开发的整体组成部分。
- 如果不能从这个遮挡物受益,许多建筑就不能令人满意地工作。
- 栏杆的垮塌(通常是翻倒)通常不会造成重大的伤害风险。

然而,如果存在重大的伤害风险,例如砖石界墙可能会横跨道路倒塌,如果不能确保遮挡物始终保持在原地,用户应考虑对公众的相关风险。显然,开发项目外部边界周围的围墙和围栏将需要承受来自完全暴露方向的全部风荷载。

EN 1991-1-4 只给出了上风遮挡墙的实体比 $\varphi = 1.0$(实心)和 $\varphi = 0.8$ 时的遮挡系数 ψ_s 值,即仅用于本节所述的墙和栏杆的遮挡情况。这意味着,使用下文7.11设计的更开放的栏杆根本不提供遮挡。BS 6399-2[20] 指南提供了全范围实体比 $0 \geqslant \varphi \geqslant 1$ 的遮挡系数,这些可看作是"非矛盾性补充信息"。

条款7.4.2(2)

遮挡系数不能应用于距离墙端高度 h 内的端部区域,即不能用于"A"区和部分"B"区。这是为了允许风绕挡墙的上风端流动,即假定两墙具有相似的端部。但是,如果挡墙明显长于加载墙,则端部区域也有很大的遮挡面积,是必须折减的。

7.4.3 广告牌

这里将广告牌定义为:

条款7.4.3(1)~(3)

- 在广告牌底部和地面之间至少具有 $h/4$ 的间隙,风可以通过该间隙流动。
- 或者高度大于宽度,$b/h \leqslant 1$。

以上假定的前提是采用单一值 $c_f = 1.80$ 适用时。否则,地面上较宽的广告牌或者地下有较小间隙的广告牌,必须依据上述7.4.1设计成界墙。

英国国家附件2.33

非对称荷载通过力中心相对于广告牌中心的水平位移 e 来计算。国家选择的推荐值 $e = \pm 0.25b$,该值被英国国家附件采用,但不适用于 BS EN 12899-1 中定义的道路标志。

安装在细长腿或杆上的广告牌容易产生静力发散或失速颤振不稳定性现象,应使用附录E中的规定进行检查。当空气力矩增速快于扭转抵抗矩时,会发生静力扭转不稳定发散。由于空气力矩与风速的平方成正比,且扭转抵抗矩恒定,当超过临界风速值时,结构突然翻转而导致的灾难性的破坏,这就是静力发散。失速颤振(严格地讲是"失速受限发散")是发散的一种特殊情况,当气流分离和"失速"时,扭转会受到空气动力矩突然减小的限制。结构恢复后向相反方向扭转,直到再次失速。这种振动会一再重复,直到风速降到临界风速以下或者结构因疲劳而失效。失速颤振通常也称为"停止标志颤振",这种现象经常发生在美国的八边形停止标志上,而该标志通常安装在具有最小扭转刚度的槽形截面桩上。

7.5　摩擦系数

"摩擦力"是一个术语,用来描述平行于或几乎平行于风向的气流掠过表面所产生的累积切向剪力 F_{fr}。这种摩擦力只有在结构沿风向较长或垂直于风向的面积较小时才显著。对于这种工况,用户可以参考条款 5.3(3)。这个条款给出了 F_{fr}所需的表达式,并参照了条款 7.5 给出的"*平行于风向的外表面面积*"的定义。值得注意的是,当平行于风向的表面总面积小于 4 倍垂直于风向的总面积时,条款 5.3(4)允许忽略摩擦的影响(见上文 5.3)。 *条款7.5(1)*

表 7.10 给出了要使用的摩擦系数值,该值取决于表面的粗糙度,但明显小于法向风压系数。虽然表中定义了目前 BS 6399-2[1] 中相同的三个值,但是每个值适用于不同的表面范围: *条款7.5(2)*

- 代表"光滑"的最小系数 $c_{fr}=0.01$,在 BS 6399-2 中,适用于所有横风向没有波纹和肋的表面;现在只适用于光滑的表面,如钢或光滑混凝土。
- 代表"粗糙"的中间系数 $c_{fr}=0.02$,在 BS 6399-2 中,适用于横风向带有波纹的表面;现在适用于粗糙表面,如粗糙混凝土和"柏油板"。
- 代表"非常粗糙"的最大系数 $c_{fr}=0.04$,在 BS 6399-2 中,仅适用于横风向带肋的表面;现在适用于所有具有波纹、肋或褶皱的表面,而不管风向如何。所有波纹板、肋板或折叠板都属于这一类。

这些规定显然比英国目前的做法要烦琐,但由于摩擦力通常贡献很小,所以不太可能对设计产生大的影响。

虽然 EN 1991-1-4 在处理肋和波纹时不区分风向,但是用户可以这样做,并可以把在平行于风向上带有肋或波纹的表面解释为"光滑的",这么做是合理的。

图 7.22 定义了三种基准工况下应考虑摩擦作用的参考面积: *条款7.5(3)*

- 支柱支承的水平板状结构,如加油站挑篷,其中摩擦力在所有风向中都作用于整个上、下表面。
- 垂直的板状结构,如自立墙,其中摩擦力作用在墙两侧的全部面积,但只有在风平行于墙时才起作用。
- 封闭的建筑,摩擦力作用在下风区侧墙、不高于从上风边缘起 $2b$ 或 $4h$(以较小者为准)的屋面,并且只有当风平行于屋脊线时才起作用。[EN 1991-1-4 使用术语"屋檐"来表示图 7.22 中所示情况的边缘]。折减的上风区表示气流分离区,其中法向压力为吸力,表面气流可逆。

用户不应认为条款 5.3(3)只考虑这些工况。例如:

- 当风平行于屋脊时,不阻塞的坡屋面应按上述第一种工况处理。但当完全阻塞时,又回到第三种工况,即挑篷下没有气流,在屋檐后有一个折减的气流分离区。
- 当风垂直于屋脊或屋檐时,可以假定坡屋面没有摩擦力。然而,平屋面的建筑由于没有屋脊,所以在所有风向下在限定的下风区域都有摩擦力。

- 在多跨建筑中,风垂直于屋脊,屋面没有摩擦区,但如果侧墙足够长,侧墙上就会有摩擦力。
- 风会吹过两端没有封闭山墙的建筑,则“平行于风向的外部区域”包括屋面的顶面和底面、两侧墙的内表面和外表面。

条款7.5(4)

参考高度 z_{ref} 始终是结构在地面之上的高度 h。目前英国做法允许使用屋檐高度作为侧壁摩擦力的参考高度,但是图 7.22 明确不允许使用这种解释。

7.6 矩形截面结构构件

条款7.6(1)

对于垂直于表面的风,式(7.9)给出了矩形截面结构单元的风荷载系数 c_f,该表达式使用:

矩形截面结构构件的法向风力系数 c_f 由式(7.9)给出,该式使用:

- 基本值 $c_{f,0}$,无端部效应时带尖角矩形截面的力系数。
- 折减系数 ψ_r,带圆角的方形截面的折减系数。
- 端部效应因子 ψ_λ,有端部效应的结构构件的端部效应系数。这个系数对于以下所有形式的结构构件都是通用的,并在下文 7.13 中以这些结构形式定义。

基本值 $c_{f,0}$ 由图 7.23 给出,并且取决于截面形状 d/b:当 $d/b=0$ 时,对应于垂直于风向的薄板,起始值 $c_{f,0}=2.0$;当临界比例 $d/b=0.7$ 时,$c_{f,0}$ 上升到 2.4;当 $d/b>10$ 时,则 $c_{f,0}$ 下降到 0.9。

英国国家附件 2.34

注 1 允许国家选择折减系数 ψ_r,但英国 NAD 采用图 7.24 给出的推荐上限值。注 2 允许带圆角的高层建筑使用折减系数 ψ_r。

条款7.6(2)

参考面积是单元的迎风面面积,$A_{ref}=\lambda \cdot b$,其中 λ 被定义为所考虑构件的长度。参考高度 z_{ref} 是所考虑的截面离地最大高度。注意,当这些规定应用于建筑时,条款 7.2.2 中的规定限定了对建筑截面的划分方式。

条款7.6(3)

$b/d<0.2$ 的薄板状断面在一定倾角的斜风下类似于机翼,会产生更大的垂直于板的“升力”。本条款建议将 c_f 提高 25%,以包括这种可能性。

7.7 尖角截面结构构件

条款7.7(1)

本节尖角截面包括锐角截面、T 形截面、工字形截面和槽形截面。力系数被定义为基本系数 $c_{f,0}$ 乘以 7.13 中给出的通用端部效应系数 ψ_λ。

英国国家附件 2.35

基本系数的推荐值为 $c_{f,0}=2.0$,但也允许国家选择其他条款。该推荐值在国际标准中几乎是被普遍接受的,因此大多数国家附件都可能使用该值。英国国家附件使用该推荐值。

条款7.7(2)、(3)

顺风风荷载(阻力)的参考面积为 $A_{ref,x}=\lambda \cdot b$,横风风荷载(升力)的参考面积为 $A_{ref,y=}\lambda \cdot d$,其中,$\lambda$ 是所考虑构件长度,即各正交方向上构件的法向面积。参考高度 z_{ref} 是所考虑截面的离地最大高度。

7.8　正多边形截面结构构件

本节包括常规正多边形截面,从正五边形开始,不断增加边数直至达到近似圆柱形的"极限"多边形。力系数再次被定义为基础系数 $c_{f,0}$乘以7.13中给出的通用端部效应系数 ψ_λ。 *条款7.8(1)*

表7.11中5、6、8、10、12和16~18条边的正多边形的基础系数 $c_{f,0}$的建议值来自不同出处,但可供*国家选择*。推荐值给出了一个安全的上限。雷诺数依赖性随着边数的增加而变得显著,然而,推荐值并未完全涵盖这一效应,即表7.11中包含了正8边形和正12边形的雷诺数效应,但缺少了正10边形的。雷诺数的定义见下文7.9.1。正7边形和正9边形等的缺失值假定可以通过内插法得到。尽管欧洲标准不包括对这一效应的注释,但这一假定仍是合理的。正10边形的雷诺数依赖性也可以用内插法得到。英国国家附件采用推荐值。

$h/d>5$ 的正多边形平面建筑上的阻力也可采用本节给出的方法确定,这些常规正多边形截面没有相应的升力。 *英国国家附件2.36* *条款7.8(2)*

顺风风荷载(阻力)的参考面积为 $A_{ref,x}=\lambda\cdot b$,其中,λ 是所考虑的构件的长度,宽度 b 在图7.26中被局部定义为最小封闭圆的直径。参考高度 z_{ref}是所考虑截面的离地最大高度。 *条款7.8(3)、(4)*

7.9　圆柱体

7.9.1　外压系数

圆柱体的风压系数取决于风速和直径,雷诺数由式(7.15)定义为: *条款7.9.1(1)*

$$Re=\frac{b\cdot v(z_e)}{\nu}=\frac{b\cdot v(z_e)}{15\cdot 10^{-6}} \tag{D7.2}$$

式中,ν 是空气的动力黏度[m^2/s];b 是直径[m];$v(z_e)$是参考高度处的峰值风速[m/s](这是欧洲标准中的一个表达式,其中希腊语"nu"符号 ν 和罗马语"vee"符号 v 一起使用,见条款1.7)。

力系数被定义为基础系数 $c_{p,0}$乘以端部效应系数 $\psi_{\lambda\alpha}$。图7.27给出了一系列雷诺数 Re 的基础系数 $c_{p,0}$,它是光滑圆柱体角度 α 的函数。端部效应系数 $\psi_{\lambda\alpha}$通过式(7.17)表示为 α 的函数,通用端部效应因子 ψ_λ由下文7.13给出。 *条款7.9.1(2)~(4)*

考虑到确定雷诺数 Re 和端部效应的因素的数量及其复杂性,圆柱体 c_{pe}的确定并不简单,但其结果可总结如下:

- 圆柱体前部的正压区不受雷诺数 Re 和端部效应的影响。
- 后方相对稳定的负压区依赖于雷诺数 Re,端部效应仅通用端部效应系数 ψ_λ被给出。
- 圆柱体两侧的高负压区显著依赖于雷诺数 Re 和端部效应,需要用式(7.17)计算端部效应系数 $\psi_{\lambda\alpha}$。

一个不幸的物理事实是,确定侧面中的最高吸力是十分复杂的。然而,端部效应因子总是小于 1,因此欧洲标准的图 7.27 中的基础系数提供的是安全的上限值。

条款7.9.1(5)、(6)

参考面积 $A_{ref}=\lambda \cdot b$,其中,λ 为所考虑构件的长度,b 为直径。参考高度 z_{ref} 为所考虑截面的最大离地高度。

7.9.2　力系数

条款7.9.2(1)~(3)

圆柱体的力系数被定义为基础系数 $c_{f,0}$乘以下文 7.13 给出的通用端部效应系数 ψ_{λ}。圆柱体的 $c_{f,0}$值由图 7.28 给出,它是雷诺数 Re 和表面粗糙度 k 的函数。图 7.28 包含了每条曲线各段的表达式,以便直接计算力系数。表 7.13 给出了一系列表面材料的表面粗糙度值。这些规定的例外是绞缆,对于绞缆,$c_{f,0}=1.2$ 对应于所有 Re。

条款7.9.2(4)、(5)

参考面积 $A_{ref}=\lambda \cdot b$,其中,λ 为所考虑构件的长度,b 为直径。参考高度 z_{ref} 为所考虑截面的最大离地高度。

条款7.9.2(6)

当圆柱体被安装在接近平面的位置(例如靠近地面的水平圆柱体),且圆柱体与地面之间的间隙小于 1.5b 时,欧洲标准要求用户寻求专家建议。这对于许多常见情况(如建筑的地上管道和外部落水管)是必要的。参考文献 15 中提供了非矛盾性补充指南,概括起来,该指南表明,当接近地面平面时,间隙 0.4b 处阻力系数增加到最大值 $c_f=1.45$,并在到达地面平面时降低到 $c_f=0.8$。作用于平面外的侧向升力在间隙为 b 时不显著,间隙为 0.4b 时 $c_f=0.15$,到达地面平面时 c_f增大到最大值 0.60。

7.9.3　成行排列竖直圆柱体的力系数

条款7.9.3

对于建筑屋面上烟囱或烟道的布置,成行排列这种情况是很常见的。其力系数的确定方法与单独的圆柱体完全相同。此外表 7.14 中给出了增强因子 K,当圆柱中心间距大于 30 倍直径时"K" =1.0(无影响),而当圆柱中心间距为 3.5 倍直径时"K" =1.15(最大影响)。圆柱中心间距在 3.5 倍至 30 倍直径之间的增强系数采用线性插值方法来计算。

条款7.10(1),注1、2

7.10　球体

图 7.30 给出了一系列雷诺数和表面粗糙度 k 对应的球体阻力系数 $c_{f,x}$,适用于球体与任何平面之间的间隙超过一半直径的情况。当间隙小于直径的一半时,$c_{f,x}$的值增加 60%。这些数值由国家进行选择,且已被英国采用。

英国国家附件 2.37

当球体与地面之间的间隙大于直径的一半时,球体的升力系数 $c_{f,x}=0$;当间隙小于直径的一半时,则 $c_{f,x}=0.60$。

条款7.10(2)

条款7.10(3)、(4)

在这两种工况下,参考面积 A_{ref}取球体的投影面积 $A_{ref}=\pi \cdot b^2/4$,参考高度取球心高度。

7.11 格构式结构和脚手架

本节仅涵盖单平面格构框架、三臂和四臂格构桁架。一般而言，格构结构的计算步骤与前述结构构件相同，使用了一个基础力系数和通用端部效应系数，参考面积定义的变化除外。但是现在基本力系数 $c_{f,0}$ 随框架或桁架表面的实体比 φ 的变化而变化。 *条款7.11(1)*

应注意的是，力系数仅适用于由一种构件（如全是锐边或全是圆形）组成的开敞式格构框架，不包含任何辅助材料，如梯子和电缆。EN 1993-3-1 附录 B[21] 中给出了推导此类结构力系数的计算方法步骤，这类结构涵盖了格构塔和桅杆。

当脚手架被相邻的实心建筑遮挡时，注 2 允许**国家选择**减少作用在脚手架上的荷载，建议采用 EN 12811[22] 中的值。英国国家附件采用了该建议，但也参考了排列框架由相互遮挡导致总体荷载降低的公开信息。该信息可作为非矛盾性补充信息（NCCI）。 *英国国家附件2.38*

7.12 标识旗

条款 7.12 给出了计算"固定"标识旗（如横幅）和"自由"标识旗（如典型的飘扬旗帜）施加在支架上的力的计算规定。虽然自由标识旗的计算方程的出处未知，但早期实践标准中的数据可追溯到对飞机拖曳的广告横幅进行的测试，这些试验是为了回应 20 世纪 20 年代一系列致命事故而进行的。 *条款7.12(1)、(2)*

避免支撑结构过载的一个简单方法是在固定件中插入一个"保险丝"，即一个易碎的元件。在结构过载之前"保险丝"应该会断开，让旗子被风吹走。建筑周围脚手架上的风屏障和安全网有时用易碎的弹性带固定。

7.13 有效长细比 λ 和端部效应因子 ψ_λ

上文 7.6 ~ 7.12 中给出的力系数 $c_{f,0}$ 是基于无限长的截面确定的。端部效应因子考虑了端部流动引起的阻力折减。ψ_λ 值可由**国家进行选择**，但英国国家附件采用图 7.36 中给出的推荐值。 *条款7.13(1) ~ (3)* *英国国家附件2.39*

ψ_λ 值取决于有效长细比 λ，并且该定义也可由**国家进行选择**，表 7.16 中给出了推荐的定义。英国国家附件替换了这些定义，放弃了 3 号定义，并简化了其余的定义（表 7.16 中的"3 号"可能被误解为适用于邻近建筑的自立墙，尽管表 7.16 的标题清楚地说明了适用于"断面"）。 *英国国家附件2.40*

第8章 风对桥梁的作用

本章涉及桥梁规定的定义,在第8章中作为一个例外情况处理。实际上,第7章是建筑规范,第8章是桥梁规范,两者都使用了之前章节中的通用设计风速信息和应用模型。本章内容参见 EN 1991-1-4 的下列条款:

- 一般规定 *条款8.1*
- 响应计算方法的选取 *条款8.2*
- 力系数 *条款8.3*
- 桥墩 *条款8.4*

8.1 一般规定

条款8.1(1)

EN 1991-1-4 中的桥梁规定仅限于具有等高度和等截面的自承式桥梁(长度小于200m,见上文1.1),其中:

- 具有纵梁或箱梁加劲桥面板的桥梁;
- 具有桁架或上(下)承式板梁加劲桥面板的桥梁;
- 具有箱型主梁桥面板的桥梁。

英国国家附件 2.41

注1 允许大多数其他形式的桥梁(包括拱桥、悬索桥、斜拉桥)的规定包含在国家附件中。由于这些桥梁中的大多数将采用专家指导进行设计,因此许多国家附件不太可能采用这些桥梁的规定。英国国家附件没有对总结构荷载提供任何额外指导。但是,英国国家附件允许使用欧洲标准的相关条款设计此类桥梁的构件,并参考英国国家附件进行一些修订。

英国国家附件 2.42

注2 允许国家附件对风向与桥梁轴线在竖直面和水平面的夹角进行定义。英国国家附件采用了推荐的定义。

条款8.1(2)

桥梁上的风荷载计算分为两个步骤:

- 主梁荷载(条款8.2和8.3);
- 桥墩荷载。

当桥梁各构件受到同一风向的风荷载作用时,若这些风荷载对结构均为不利作用则应同时考虑。

条款8.1(3)

桥梁上的力的坐标轴定义:x 方向为垂直于桥跨方向,y 方向为沿桥跨方向,z 方向为垂直于桥面方向。x 和 y 方向上最不利荷载不是同时发生的,因为它们是由不同方向(通常是正交方向)的风引起的,x 方向上最不利荷载由垂直于桥跨方向的风引起，y 方向上最不利荷载由沿桥跨方向的风引起。但是，由于 z 方向的最大荷载可能发生在任何风向上，因此应考虑其与 x 或 y 方向的最大荷载同时作用。

桥梁尺寸的符号与 1.6 的定义不同。尽管注释中给出了一般定义，但可能需要针对特定的桥梁形式调整该符号。 *条款8.1(3)，注*

当同时考虑风荷载与汽车荷载时，设计风速上限值应设为一个合理的数值，即桥上可以通行车辆且引桥上不会出现侧翻事故的最高风速。基本风速的默认值定义为 $v_{b,0}^{*}=23\text{m/s}$，该值可在国家附件中更改。英国国家附件要求将 $v_{b,0}^{*}=v_{b,0}$（即区域基准风速）用于峰值动压 $q_p(z)$ 的计算，但将 $q_p(z)$ 的上限值定为 750Pa，相当于平均风速 23m/s（如欧洲标准所建议）或阵风风速 35m/s。 *条款8.1(4)* *英国国家附件2.43*

同样，当同时考虑风荷载与列车荷载时，提高设计风速是合适的，因为要求铁路列车在风中比公路车辆更稳定。基本风速的默认值定义为 $v_{b,0}^{**}=25\text{m/s}$，可在国家附件中有所变化。同样，英国国家附件要求将 $v_{b,0}^{*}=v_{b,0}$（即场地基准风速）用于峰值动压 $q_p(z)$ 的计算，但此时将 $q_p(z)$ 的上限值定为 890Pa，该值对应于 25m/s 的平均风速（如欧洲标准所建议）或 38m/s 的阵风速度。 *条款8.15* *英国国家附件2.44*

8.2　响应计算方法的选取

EN 1991-1-4 要求进行评估以确定桥梁是否动力敏感，因此需要对 c_sc_d 进行评估。条款 8.2 的注允许在国家附件中给出标准和计算步骤，但在不需要评估时建议取 $c_sc_d=1.0$，并建议不需要对图 8.1 所示桥面类型的"*桥跨小于40m 的常规道路和铁路桥梁桥面*"进行评估。 *条款8.2(1)*

英国国家附件包括两个计算步骤，源自符合英国现行的《桥梁气动效应设计规定》(BD 49/01)[23]，第一步确定了动力放大效应在风向上是否显著或可忽略不计，第二步使用气动敏感性参数 P_b 对桥梁气弹稳定性进行分类。 *英国国家附件2.45*

- 如果 $P_b<0.04$，且桥梁为"**常规结构**"，即由钢、铝和(或)木材建造，且形状被涵盖在图 8.1 中，则所有空气动力激励效应可视为无关紧要。
- 如果 $0.04\leqslant P_b\leqslant 1.00$，则认为桥梁属于欧洲标准和英国国家附件计算方法覆盖的范围内。
- 如果 $P_b>1.00$，则认为桥梁非常容易受到空气动力激励，必须进行风洞试验。

对于大多数典型的小跨公路（<12m）和铁路桥梁，动力放大效应被认为是不重要的。大跨桥梁（>250m），特别是悬索桥或斜拉桥，被认为属于第三类，但不在欧洲标准范围内（见 1.1）。多数中等跨度桥梁，适用于欧洲标准和英国国家附件计算方法。但是，英国国家附件规定，"*有盖人行桥、缆索支撑桥和其他任一个参数 b、L 或 n_{1b} 无法准确定义的结构*"必须归为需要风洞试验的第三类。这项规定是由于 2001 年修订的 BD 49[23] 中引入了新的限制条件而产生的不良后果。众所周知，以前版本的 BD 49/93 在处理人行桥方面极为保守，但最新的修订使情况更槽。最近的创新人行斜拉桥趋势尤其受到影响。虽然对跨越大河的桥梁(如名声不好的"摇摆"千禧人行桥)进行风洞试验是合理的,但此类试验的费用妨碍了跨越小河或道路的人行桥的创新解决方案。

8.3 力系数

条款8.3(1)
英国国家附件 2.46

本节仅给出了主梁的力系数,而风压系数根本不适用于桥梁。桥上护栏和门架的力系数可在国家附件中给出,但条款 8.3 的注建议使用 EN 1991-1-4 的 7.4 中的值。英国国家附件指导用户使用适当的条款。

8.3.1 *x* 方向的力系数——一般方法

条款8.3.1(1),注1~3

x 方向的力通常被称为"垂直于桥面的阻力"。*x* 方向力系数是指没有自由端绕流的值,$c_{fx}=c_{fx,0}$,因为道路/轨道路径连接端部桥台(可能在施工期间除外)。当风向与主梁桥面板倾角小于 10°时,该值可采用 $c_{fx,0}=1.3$ 或取自图 8.3。

当桥面板不水平时,会发生斜风绕流,但如果桥下地形存在明显坡度,也可能发生斜风绕流。如果倾角超过 10°,则需要进行特殊研究,例如风洞试验。

条款8.3.1(2)
英国国家附件 2.47
条款 8.3.1(3)

当桥面板迎风面倾斜于垂直面时,这对于箱梁断面非常常见,斜风角度每增加 1°,*x* 方向的风荷载系数就可减少 0.5%,最多减少 30%。除非国家附件特别允许,否则这种折减不适用于 EN 1991-1-4 中 8.3.2 的简化方法。英国国家附件不允许这种折减。

当桥面板"*横向倾斜*"时,即当主梁板不水平或桥面板上有明显的拱度时(这时,风向上的投影高度大于实际高度 *d*),倾斜角度每增加 1°,*x* 方向的风荷载系数增加 0.3%,最大增加 25%。

条款8.3.1(4)

无交通荷载的风荷载组合的参考面积 $A_{ref,x}$ 是通过桥面各构件迎风面面积求和得到的。

对于实心板梁和箱梁断面,如投影图所示,参考面积实际上是整个桥面板的实心面积。这个一般规定的例外情况包括敞式护栏、扶手和防撞护栏,其中每一项每米贡献的面积为 0.3m^2(即 0.3m^2/m)。栏杆和护栏的示例组合见表 8.1。

对于桁架主梁,参考面积实际上是桥面板所有部分(包括所有桁架)的投影实心面积总和。这假定背风桁架不受迎风桁架的遮挡。所有桁架的总面积可能超过桥梁的表面积,即大于整个桥面的投影面积(桁架假定为实心)。这种等效的"实心"桥梁代表了一种合理但不绝对的桥梁阻力上限,因此欧洲标准将所有桁架的总面积限定为表面积的值。

对于多片主梁,施工期间和安装顶层桥面板前的参考面积取两个主梁的投影面积。通常会有两个以上的主梁,因此,这就有可能发生其中一片梁对后面另一个片梁提供一些遮挡;在没有顶部桥面板的情况下,一些风可以从后面穿过迎风梁。

条款8.3.1(5)

当考虑风荷载与交通荷载的组合时,必须考虑作用于交通荷载本身的附加风荷载允许值。桥梁最不利方向长度增加 1m，公路桥梁的参考面积增加 $2m^2$，与竖向交通荷载的位置无关。这可能导致名义上合理但实际不合理的情况是，没有竖向交通荷载但有水平风荷载，反之亦然。桥梁通行里程每增加 1m，铁路桥梁的参考面积增加 $4m^2$，意味着一列 4m 高的列车占据了整个桥梁。

地面上的参考高度 z_e 可被视为从桥下地面最低点到桥面板结构中心的距离，不考虑桥面铺装或附属结构，如护栏等。 *条款8.3.1(6)*

桥梁上来自交通通道的风压不在 EN 1991-1-4 的讨论范围内。 *条款8.3.1(7)*

8.3.2　*x* 方向的风荷载——简化方法

当不需要对动力响应进行评估时，采用简化方法，即简化的 x 方向的风荷载 F_w，可通过以下公式得出： *条款8.3.2(1)*

$$F_W = \frac{1}{2} \cdot \rho \cdot v_b^2 \cdot C \cdot A_{ref,x} \tag{D8.1}$$

式中，C 是“风荷载系数”，$C = c_e \cdot c_{f,x}$，是风暴露系数 c_e 和 x 方向的力系数的乘积。根据比例 b/d 和参考高度 z_e，表 8.2 给出了 C 的 4 个基准值。允许在这些基准值之间插值得到适用值，这实际上是必要的，因为 4 个基准值相差很大，取最大值可能非常保守。

条款 8.3.2 允许在国家附件中定义 C 的替代值，以取代表 8.4 中的数值。英国国家附件采用了这一方法，在表 NA.7 中给出了相应值，偏大 20% 左右，以便符合现行英国做法。 *英国国家附件2.48*

8.3.3　桥梁主梁 *z* 方向风荷载

z 方向的风荷载通常被称为“桥梁主梁的升力”。国家附件中可给出 $c_{f,z}$ 的值，另外，注 1 给出了建议的单一值 $c_{f,z} = \pm 0.9$（即向上或向下作用），或者可从图 8.6 中获得没有那么保守的值。英国国家附件采用了建议值。 *条款8.3.3(1)* *英国国家附件2.49*

参考面积 $A_{ref,z}$ 为桥面板平面面积，端部效应系数不被考虑是合适的，参考高度 z_e 与 x 方向的风荷载系数所采用的参考高度一致。 *条款8.3.3(2)~(4)*

除非“*另有规定*”（由“有关主管部门”规定），竖向升力沿桥宽的方向（x 方向）上的偏心距可取为 $e = b/4$。 *条款8.3.3(5)*

8.3.4　桥跨结构 *y* 方向风荷载

y 方向的风荷载是沿桥面板轴线的力，主要是由沿着长桥面板吹的风产生的摩擦力引起的。其数值可在国家附件中给出，否则，对于板梁桥（实心板梁桥或箱梁桥），建议取 x 方向的力的 25%，对于桁架桥，建议取 x 方向的力的 50%。这种力在桥梁设计中通常不重要，因为其力值小，而沿桥面板轴线的结构阻力高。但它可能控制伸缩缝处的约束设计。 *条款8.3.4(1)*

英国国家附件要求将纵向风荷载取以下两者中的较大值： *英国国家附件2.50*

- 桥梁上部结构上单独作用的纵向风荷载；
- 式（NA.7）~式（NA.9）中定义的名义活荷载组合的名义风荷载。

此外,条款 8.3.4 还规定了确定护栏和防撞护栏、主梁外伸支架和斜风中的(名义上与轴线成 45°角)桁架以及桥墩上的风荷载的其他规定。

8.4 桥墩

8.4.1 风向和设计状况

条款 8.4.1(1)和(2)

对于所考虑的每一个荷载效应,设计人员需要确认整个桥梁结构总体风荷载最不利的方向,并对施工期间的所有短暂设计状况进行单独计算。这是必要的,因为在桥梁装配过程中,桥墩上最关键的荷载通常是不平衡荷载。

8.4.2 桥墩风效应

条款 8.4.2(1),注 1 和注 2

欧洲标准中没有单独的规定来确定桥墩风荷载。设计人员应遵循条款 7.6、7.8 或 7.9.2 关于结构截面和圆柱的一般规定。国家附件可给出桥墩风荷载的简化规定和/或评估非对称荷载的计算方法。建议剔除会对结构产生有利作用效应的所有风荷载。

英国国家附件 2.51 和 2.52

英国国家附件通过引入表 NA.8 中桥墩的风荷载系数 C_{fp}(源自 BD 37/01[24] 表 9)和应用英国国家附件 2.22 中的非对称规定,对桥墩风荷载的计算方法进行补充和修正。

英国国家附件 2.53

此外,英国国家附件扩展了条款 8.4.2 中注 1 的范围,为适用于连续桥梁的同轴风效应引入了简化的准静态计算方法,这是一个重要的例外情况,其中“不利”荷载尤为重要。不利荷载不一定是指全跨加载。

该方法首先确定单跨桥梁适用于经英国国家附件修改的条款 8.3.2 的简化计算方法,因为不利荷载不是这种情况下的关键设计问题。但是,对于连续桥梁,该计算方法规定:

- 增大风荷载效应的构件——条款 5.3(2)中的标准计算方法适用;
- 减小风荷载效应的构件——可通过式(NA.11)(使用整体力系数)或式(NA.12)(使用矢量求和)确定折减力。

在英国,可通过条款 5.3(2),利用表 NA.3 中给出的尺寸系数,并将 $(b+h)$ 作为风荷载不利面积的基础长度,对所考虑的荷载长度上的峰值压力异步作用计算允许值。英国国家附件通过 3 个注释对简化计算方法的应用进行了限定:

- 注 1 给出了确定连续施工桥梁关键不利区域的方法。
- 注 2 介绍了靠近山丘、山脊、悬崖或陡坎顶部的桥梁设计要求,以“*考虑地形特征的重要性*”。在这种情况下,不允许使用表 NA.3 中的尺寸系数。实际上,注 2 要求用户就丘陵地区桥梁寻求专家建议。
- 注 3 允许图 7.4 中的“按部分划分规定”用于高的竖直构件,如桥墩和塔。

第 9 章　附录

本章涉及 EN 1991-1-4 的 6 个附录。本章内容参见 EN 1991-1-4 的以下条款：

- 总评述
- 地形效应　*附录 A*
- 结构系数 $c_s c_d$ 的计算方法 1　*附录 B*
- 结构系数 $c_s c_d$ 的计算方法 2　*附录 C*
- 不同结构类型的结构系数 $c_s c_d$ 取值　*附录 D*
- 旋涡脱落及气弹失稳　*附录 E*
- 结构的动力特性　*附录 F*

9.1　总评述

EN 1991-1-4 英国国家附件的情况是每个附录都是资料性的，除非其状态被国家附件更改，国家附件可以声明该附录是规范性的标准或根本不应使用。除非该附录特别规定了可以被国家附件修改，如条款 A.2(1)的注中所述，否则国家附件不得对附录进行更改，必须按原样采用附录，或全部拒用并提供一个全新的附录作为参考，该附录作为“*非矛盾性补充信息*”(NCCI)的形式单独发布。当然，任何新附录可以复制原附录的任意部分或大部分，也可以根据需要对内容进行添加或更改。然而，CEN 起草的规定禁止将任何新附录直接纳入国家附件——新附录只能出现在最合理和最适用的地方。

9.2　附录 A 地形效应

英国国家附件采用附录 A 作为资料性附录，但允许国家进行选择或对国家定义参数进行更改和添加。　***英国国家附件 3.1***

9.2.1　A.1 每种地表类别的地表粗糙度示意图

本节提供了 5 种地表类别的“*地表粗糙度*”定义的示例说明。“*地表粗糙度*”一词意味着中间粗糙度的地表应归于下一个更粗糙的类别下，即比 0 类地表粗糙度大但比Ⅰ类的地表粗糙度小的地表归为Ⅰ类。这不是一个普遍保守的假定，因为它总是提供比合适值更大的粗糙度，相当于地表存在更多的障碍物。表征每种地表类别的“最低允许粗糙度”更为合适。　***条款 A.1***　***英国国家附件 2.54***

EN 1991-1-4 中没有关于修改国家附件中这些标准地表类别定义的规定。但　***英国国家附件 3.1.1***

是,条款 A.2 允许国家附件定义过渡类别的规定。英国国家附件利用这一机会,通过定义过渡类别,将类别的有效数量从 5 个减少到 3 个,例如:农村地形的Ⅰ类和Ⅱ类被视为一类,即"乡村"类;城市地形的Ⅲ类和Ⅳ类被视为一类,即"城镇"类。剩余的 0 类被称为"海洋"类。欧洲标准不适用于离岸结构,不应适用此规定。0 类"海洋"类仅用于定义其他类别的海岸边界。

9.2.2　A.2 粗糙度类别 0、Ⅰ、Ⅱ、Ⅲ和Ⅳ之间的过渡

条款A.2(1)

在计算峰值动压 q_p 和结构系数 c_sc_d 时,即计算单独的尺寸系数 c_s 和动力系数 c_d 时,必须考虑类别之间的过渡。

国家附件中可能给出了类别间过渡的方法,但欧洲标准提供了两个推荐方法来考虑光滑到粗糙的变化:

- 方法 1 更简单。当结构位于地表粗糙度变化点附近时,若距离更平滑的类别 0 类小于 2km 或距离更平滑的类别Ⅰ至Ⅲ类小于 2km,应使用上游更平滑的地表类别。这意味着距离海岸线小于 2km 的所有场地(农村或城市)应被视为 0 类。此外,所有距离农村-郊区边界不足 1km 的郊区场地将被视为农村,距离郊区-城市边界不足 1km 的城市中心场地将被视为郊区。

英国国家附件 3.1.1

- 方法 2 更准确。它定义了一个高于地面的临界高度,低于此临界高度可使用新的更粗糙的类别,高于此临界高度必须使用原来的更平滑的类别。这一临界高度随着离粗糙度变化点的顺风距离的增大而增大。虽然比方法 1 更准确,但方法 2 假定粗糙度变化后风速立即处于平衡状态,而实际上,风速随地面高度和离粗糙度变化点的距离的变化而逐渐变化。英国国家附件的过渡方法实现了这些渐进的变化,实际上是一个"计算方法 3"。

当使用零风速平面抬升高度 h_{dis}(见上文 4.3.2)时,如果使用有效地形的标准位移高度,这些方法将非常保守,但如果使用实际位移高度,这些方法可能不保守。

对于从粗糙到平滑的过渡没有推荐的计算方法。新的更平滑的地表类别被认为是直接适用的。这是一个保守的假定,因为没有考虑原来的更粗糙地表的障碍物。

英国国家附件 2.54

在本质上,地表粗糙度是连续变化的,通常处于基准类别之间。然而,从"海洋"到"乡村"(或沿海城镇)的变化总是突然的,正如从"乡村"到"城镇"的变化那样。后一种情况源于推动城市发展的经济需求:城市地区的建筑密度不是逐渐增加,而是趋向于分阶段径直发展到最终建筑密度。基于这些原因,这三个类

英国国家附件 3.1

别——0 类的"海洋"、Ⅰ类和Ⅱ类的"乡村"、Ⅲ类和Ⅳ类的"城镇"很容易在地面或标准地图上被识别,这就是为什么 BS 6399-2[1] 使用这 3 个类别表述地表粗糙度。英国国家附件有效地采用了相同的规定,如前文第 4.3.2、4.4 和 4.5 所述。因此,英国国家附件不允许使用附录 A.2。

条款A.3(1)~(4)

9.2.3　A.3 地形系数的数值计算

地形系数 c_o 是适用于平均风速的一个系数。计算地形系数 c_o 的方法可在国

家附件中定义,否则可使用推荐的方法。英国国家附件采用推荐的方法。

计算越过独立山丘、山脊和悬崖的平均风速增量的推荐方法是二维的,不能预测山脊两侧或陡峭山谷狭管效应引起的增速。地形的关键参数是迎风坡度和场地相对于山顶的位置。

地形模型假定只有平均风速受到影响(加速或减速),而湍流的均方根值不受影响。这导致湍流强度值(均方根湍流/平均风速)随平均风速的增加成比例地减小。这就是为什么地形系数 c_o 出现在湍流强度 $I_v(z)$、式(D4.8a)和式(D4.8b)的分母中的原因。

地形方法的应用要求用户确定在风向沿线地形特征的横截面形状,然后用适当的三角形表示实际形状。这可能是最耗时的部分,但也是最重要的,因为在动压计算中,地形引起的增速是最大的单一影响因素。

该方法实际上与 BS 6399-2[1] 中的规定相同,因此用户可参考对应的指南[20] 了解其使用的实际示例。当山的横截面形状不近似为三角形时,该指南尤其有用。

9.2.4 A.4 相邻结构

明显高于相邻建筑的建筑往往会将高风速偏转到地面,这将增加相邻建筑的风荷载。大多数标准,包括 BS 6399-2[1],都警告了这一影响,但除了寻求专家建议外,没有给出任何指导。例外情况是 ECCS 模型规范[12],该规范也是 EN 1991-1-4 采用的方法的来源。该标准定义了一个新的离地参考高度 z_n,用于计算相邻结构上增加的风荷载($z_e = z_n$),这些规定完全是经验性的。通过风洞试验,可以更好地估计可能产生的相邻结构的影响。英国国家附件不加改变采用了附件的这一部分。 *条款A.4(1)*

9.2.5 A.5 零风速平面抬升高度

如果建筑或其他障碍物的间距很近,风会向上移动 h_{dis},形成一个刚好低于屋面平均高度的有效地面。附录中给出的规定适用于Ⅳ类地表,但没有技术原因说明为什么不适用于Ⅲ类地表。事实上,英国 NAD 采用Ⅲ类和Ⅳ类地表的一般规定,包括 h_{dis}。该方法与 BS 6399-2[2] 中的规定相同,其中当与背风方向的最近建筑的距离为 $2h_{ave}$时,$h_{dis} = 0.8h_{ave}$,且该值随着距离增加而逐渐线性减小,当距离为 $6h_{ave}$时,$h_{dis} = 0$。 *条款A.5(1)*

这一方法是比较保守的——众所周知,在背风方向上距离 $20h_{ave}$处仍然存在一些遮挡物——但考虑到相邻建筑被拆除的可能性,计算时需要适度保守。实际上,该方法考虑了迎风建筑聚集引起的位移,但忽略了任何单个建筑尾流的直接遮挡物。

附录 A.5 中的方法符合英国做法,英国国家附件不加改变采用了这些方法。

9.3 附录 B 结构系数 c_sc_d 的计算方法 1

条款B.1~B.4

英国国家附件3.2

这是两个备选推荐方法中的第一个。国家附件须声明是否使用该方法。英国国家附件已选择将结构系数分为尺寸系数 c_s 和动力系数 c_d,但已使用该方法得出了这些系数的值。然而,英国国家附件也允许直接使用附录 B,但需参见上文 6.1 的注释。

方法 1 是经典的达文波特方法的“欧洲实施”,在许多风工程文献中都有详细描述。该方法在世界各地被广泛使用,主要用于高层建筑等竖直悬臂结构,并经受了时间的考验。方法 1 将结构的振动响应分为湍流抖振引起的随机宽带“背景”部分 B,和结构最低固有频率下动力放大效应引起的窄带“共振”部分 R,对背景和共振部分分别进行估算,然后将它们结合起来给出总体响应。方法 1 中包括确定疲劳估算中使用的荷载循环次数以及估算使用阶段的位移和加速度的方法。

附录 B 的方法分若干步骤执行:

- 湍流积分尺度 $L(z)$ 由式(B.1)确定,它取决于地面高度 z 和地表粗糙度长度 z_0。湍流积分尺度描述了主要湍流涡流的特征尺寸。
- 湍流谱表示湍流能量在频率上的分布,采用式(B.2)由 $L(z)$ 确定。这用来获得结构基本固有频率下的共振部分 R。
- 背景系数 B^2 考虑了结构上压力的不相关性,由 $L(z)$ 和结构尺寸 b、h 确定。
- 上交叉频率 ν 由式(B.5)得出。
- 峰值因子 k_p,即最大脉动响应与均方根值之比,由式(B.4)通过 ν 确定。
- 共振响应函数 R^2 表征与结构共振的湍流效应,由式(B.6)确定。
- 式(6.1)、式(6.2)和式(6.3)中使用了 B^2、R^2 和 ν 的导出值,用来给出组合结构系数 c_sc_d 及单独尺寸系数 c_s 和动力系数 c_d。

附录 B 还提供了估算疲劳寿命计算中超过荷载效应水平次数的方法,以及估算竖直结构使用阶段的位移和加速度的方法。

9.4　附录 C 结构系数 c_sc_d 的计算方法 2

条款 C.1 ~ C.4
英国国家附件 3.3

这是两个备选推荐方法中的第二个。国家附件须声明是否使用该方法。英国国家附件不允许在英国使用该方法。

第二种方法是一种新的、实际上未经测试的方法,其方法制定者称其结果与第一种方法相差在 5% 之内。该方法的唯一优点似乎是执行起来稍微简单一些。该方法来源于 Dyrbye 和 Hansen[14] 的研究成果,读者可从中获取进一步的说明。

9.5　附录 D 不同结构类型的结构系数 c_sc_d 取值

条款 D(1)

本附录提供了一系列设计图表,给出了一系列常见结构的 c_sc_d 值。虽然这些值可能确实是典型的——这取决于每个图表旁边列出的控制参数的假定值——但如果直接使用这些图表,则回避了识别非典型情况的关键要求。这些图表用于获取初始“大致”值,或用来核查使用附录 C 或附录 D 的方法计算的值与典型值是否存在很大不同。数值的微小差异可能表明结构不是典型的，但较大的差异可能表示计算错误。

英国国家附件不允许在英国使用附录 D。 *英国国家附件3.4*

9.6　附录 E 旋涡脱落及气弹失稳

条款E.1 ~ E.4
英国国家附件 2.56 ~ 2.63
英国国家附件3.5

本附录简要概述了影响某些结构的一组高度复杂的动力失稳。这些失稳现象与柔性“线状”结构最相关，即长而薄的结构。这些结构包括大跨度桥梁和高而细的烟囱，其设计规定是为了尽量避免气弹失稳的可能性。气弹性失稳最不可能发生在建筑结构中。附录 E 中的方法复杂、难以应用，而且不一定排除了所有重大的失稳风险。因此，英国国家附件不允许附录 E 在英国使用，而是要求参考背景文件[xx]，该文件给出了一个替代附录。在任何情况下，对易受气弹失稳影响的结构，设计人员应该寻求专家建议。

9.6.1　E.1 旋涡脱落

介绍性的“一般规定”段落正确地将旋涡脱落描述为“*气流在结构的两侧的交替脱落*”。这是由两个剪切层之间的准周期相互作用引起的，这两个剪切层从结构的任一侧分离出来得到的。如果只有一个剪切层（例如，高自立墙的顶部边缘），则不会发生旋涡脱落。当结构具有轻微多孔性（孔隙率约 8% 或更大）时，由于流经结构的气流干扰剪切层之间的相互作用，因此旋涡脱落会受到抑制。格构结构不会产生与其总尺寸相关大小的旋涡，但会经历单个长构件的旋涡脱落。当激励发生在某个频率范围内时，结构将在该范围内发生准静力响应，除非结构的基本固有频率落在该范围内。在这种情况下，旋涡脱落锁定了结构的共振运动，并成为周期性的，且会导致更大的响应振幅——这被称为“锁定”。

条款 E.1.2 给出了是否需要考虑旋涡脱落的几个评估标准：

（1）结构必须细长，长度 l 至少为横风宽度 b 的 6 倍。此外，结构孔隙率还不应超过 8%。

（2）其次，旋涡脱落的临界速度 v_{crit} 必须在结构的预期风速范围内。由于旋涡脱落可能发生在较大的阵风中，因此最大临界速度要大于设计平均风速 v_m。建议当 $v_{crit} > 1.25v_m$［式（E.1）］时，应研究旋涡脱落。

（3）旋涡脱落的临界速度 v_{crit} 由结构的横风宽度 b、自振频率 n 以及与横截面形状相关的斯托罗哈数 St 确定。表 E.1 给出了各种常见横截面的 St 值。

（4）结构吸收和耗散旋涡脱落能量的能力取决于结构阻尼，用斯柯顿数 Sc 表示。通过式（E.4）计算 Sc，需要结构阻尼的对数衰减率 δ 和振动模态结构单位长度的等效质量 m_e。

在上述步骤（4）中，评估旋涡脱落的过程相当复杂。如果用户不了解空气动力学和结构特性，也不具备计算过程的一些经验，那么随后对运动振幅和加速度的估算可能会比较困难，而且容易出错。

9.6.2 E.2 驰振

经典驰振是细长结构的气动弹性失稳,它发生在风速超过临界风速的情况下。该临界速度取决于斯柯顿数 Sc、横风宽度 b、固有频率 n 和系数 a_G,a_G 取决于横截面形状,并由式(E.21)给出。只有某些特定的横截面能够发生驰振,而且只在某些特定的风攻角条件下才会发生。许多尖角横截面会发生驰振,包括典型的桥梁断面。圆形截面不会发生驰振(经典驰振),除非其横截面被积冰或雨线所改变。雨激励驰振是斜拉桥拉索的一个独有问题。

9.6.3 E.3 干扰驰振

当两个或两个以上的断面排列得足够近,而导致一个断面可能在另一个断面产生的湍流尾流中来回进出发生干扰驰振的情况,称为"尾流驰振"。电力导线等成对排列的圆柱体,正如与其他结构截面(如管道和电缆立柱)平行的圆柱形构件那样,容易出现尾流驰振现象。游艇码头经常听到的"叮叮"声,就是由于干扰驰振导致缆索来回出入桅杆尾流,使缆索撞击桅杆而引起的。结构构件相互碰撞会产生微动损伤,除此之外的主要问题就是疲劳。尾流驰振的临界风速取决于与经典驰振相同的参数,通过式(E.23)可以计算圆柱体的两种临界风速。对于其他截面形状的框架规定,没有足够的信息可用,避免该问题的最好方法是进行风洞试验。

9.6.4 E.4 静力扭转发散与颤振

静力扭转发散与颤振是指柔性板状结构(包括广告牌和悬索桥桥面板)发生气动失稳。静力扭转发散,会导致突然的灾难性毁坏,除非扭转位移受到气动失速的限制,使它变成循环"失速颤振"或"停止符号颤振"。经典颤振是一种弯扭耦合的动力失稳,其振幅增大到极限会导致破坏。

发生静力扭转发散或颤振的最低的固有频率必须是扭转振动频率,或至少扭转频率不得大于最低竖弯频率的2倍。临界风速的计算方法要求使用横截面的气动导数。"气动导数"指的是主荷载系数随风攻角的变化率。要想从已发表的资料中获得可靠的主荷载系数是有困难的,如果不借助风洞试验,几乎不可能获得可靠的气动导数。

避免静力扭转发散或颤振的最简单的方法是提供足够的扭转刚度,并确保升力中心与扭转中心重合或在扭转中心的下风方向。否则,敏感结构的气动稳定性需要通过风洞试验来确定,这对于悬索桥来说是十分平常的。

9.7 附录F 结构动力特性

9.7.1 F.1 一般规定

条款F.1~F.5
英国国家附件3.6

本附录对结构动力学进行了简要概述,但不够全面,无法替代该主题的许多教科书的作用。但是,它给出了许多常见结构的结构阻尼对数衰减率 δ 的推荐值。英国国家附件允许将其作为资料性附录。

9.7.2　F.2 结构基频

计算动力响应的欧洲标准方法中，经常需要使用结构的基本频率，即最低自振频率，本条款提供了一些简单的基本固有频率的估算方法。

- 对于悬臂梁

$$n_t \approx \frac{9.81}{2 \cdot \pi \cdot \sqrt{x_t}} \quad \text{Hz} \qquad [\text{式}(F.1)]$$

式中，x_t（以 m 为单位）是自重作用下水平约束悬臂梁自由端的挠度，如图 D9.1 所示。

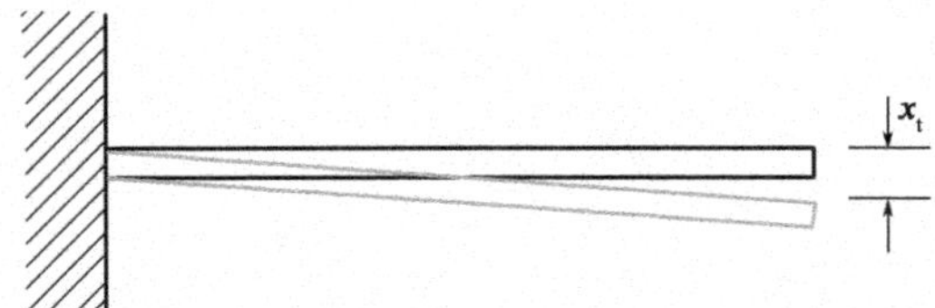

图 D9.1　自重作用下悬臂梁的挠度

- 对于高层建筑，$n_t = 46/h$ Hz，其中 h 为高度，单位为 m。
- 对于烟囱，使用式（F.3）和式（F.4）。
- 对于椭圆形壳体结构，使用式（F.5）。
- 对于板梁或箱梁桥的弯曲，使用式（F.6）。
- 对于箱梁桥的扭转，使用式（F.7）~式（F.12）。

9.7.3　F.3 基本模态振型

附录 F 通过幂定律给出了地面悬挑结构的基本模态振型，幂指数从框架结构幂指数 0.6 变化至格构塔幂指数 2.5，如图 D9.2 所示。

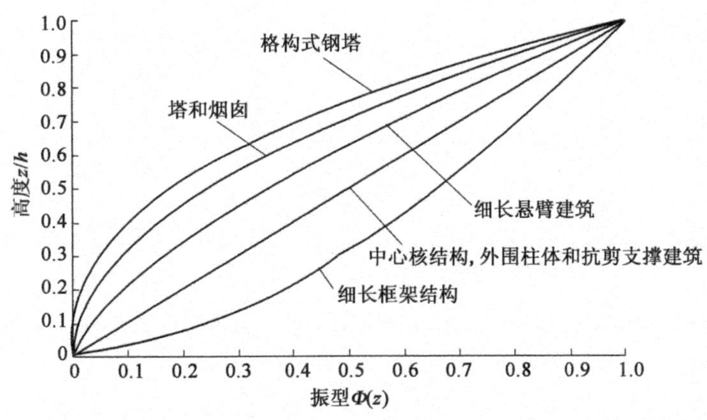

图 D9.2　离地悬臂结构的基本振型

附录 F 给出了简支或固支结构（如桥面板）的基本振型，如图 D9.3所示。

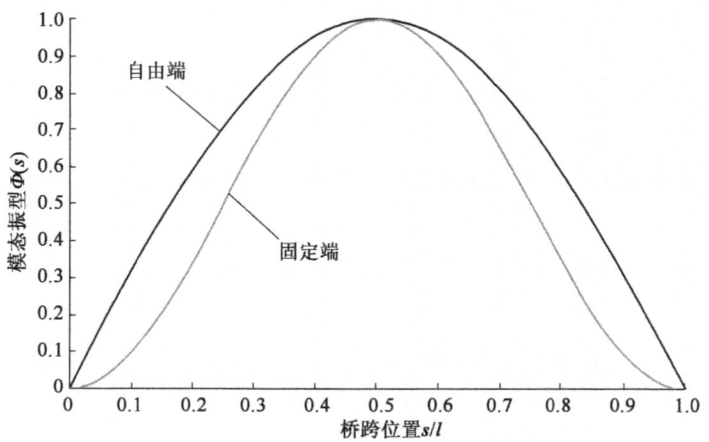

图 D9.3 简支和固端结构的基本振型

9.7.4 F.4 等效质量

式(F.14)可用于估算基本模态单位长度的等效质量 m_e,其公式如下:

$$m_e = \frac{\int_0^l m(s) \cdot \phi^2(s) \cdot \mathrm{d}s}{\int_0^l \phi^2(s) \cdot \mathrm{d}s} \tag{D9.1}$$

公式(D9.1)是精确的通用表达式。对悬臂结构进行简单估算可以取上部三分之一结构的单位长度平均质量。对两端简支大跨结构(如桥梁)进行简单估算可以取中间三分之一结构的单位长度平均质量。

9.7.5 F.5 阻尼对数衰减率

阻尼对数衰减率是所有阻尼源的对数衰减率之和:结构阻尼、气动阻尼和附在结构上的任何被动或主动特殊装置的阻尼。表 F.2 给出了多种结构形式的结构阻尼值。式(F.16)和式(F.17)给出了悬臂结构风振的气动阻尼。

后记

读者会注意到作者对 EN 1991-1-4 各部分的批评,从其结构、内容到遗漏。Eurocodes 的“纵向”结构,其内容严格按主题划分,导致设计最简单的结构,也可能需要 5 个或更多的欧洲标准来替代针对该结构的单一国家标准。作者倾向于“横向”结构,该结构中标准与结构(如建筑、桥梁、格构塔)相关,并且可以专注于该结构的特殊要求,消除不相关的数据和方法。

即便并非不可能做到,在整个欧洲“协调”结构风荷载规定的任务是极其困难的。因此,EN 1991-1-4 的首次实施有许多缺陷、遗漏和矛盾,这并不奇怪。欧洲标准通过大量国家选择承认了其中的许多问题,这些国家选择不仅限于提供国家参数值(NV),还扩展到了替代性建议规定。理想情况下,国家附件的作用应该仅限于提供成员国风气候条件下的特定国家参数值,即国家参数值取决于地域。欧洲标准试图将国家附件的作用扩大到远超出此限定,这是未能就通用方法和一致值达成共识的必然结果。国家附件在“共存期”结束时应该并入欧洲标准,但鉴于各成员国之间的分歧,这项任务将比目前取得的进展更难完成。

各成员国对行业标准的使用有很大的不同,成员国间安全法律法规也有很大的不同。一种极端情况是,根据基本原理进行设计,而完全不参考行业标准。在起草初稿的过程中,起草小组的一名成员建议桥梁规定应仅包含原则性规定,不包括实施性规定或数据,因为“瑞士的所有桥梁都是由合格工程师设计的”。另一种极端情况是,在法律或法规中可以直接或间接引用行业标准,因此在设计中必须使用行业标准。英国的情况更接近第二种极端情况。

EN 1991-1-4 的结构和格式非常复杂和模糊,以至于很难将其应用到特定的设计中而不出错。许多推荐的实施规定都过于复杂,而且在试图简化时导致精度损失,得不偿失。英国国家附件充分利用了 EN 1991-1-4 提供的所有机会来纠正固有错误,同时也使实施更简单,更不容易出错。

欧洲标准实施中的错误包括:

- 欧洲标准尺寸效应和动力效应仅适用于整体结构。如果按照建议使用欧洲标准的“$1m^2$”和“$10m^2$”系数,则建筑构件上的荷载偏保守。
- 阵风参数模型线性化中的非保守误差。
- 扭转效应是非保守的,因为正交荷载系数是对称的,且推荐的建筑规定并不合理。

- 由正交压力求和得到的总阻力是保守的，因为最大前表面荷载与最大后表面荷载发生在不同的风攻角。
- 没有考虑尺寸效应引起的总荷载摩擦分量的减小。
- 内部压力规定没有包括“开敞式”建筑，诸如看台、飞机库和其他特殊的工业建筑形式。
- 因为没有考虑自身遮挡，无永久性包层的格构式结构上的荷载可能是非常保守的，有可能超过了完全包层结构的荷载。
- 选择性主开孔被专门称为“偶然”状况，而不是正常使用状况。但是，条款 7.2.9(1)P 的“全方位”原则暗含了正常使用状况。

其中许多问题已由英国国家附件更正，包括：

- 消除了建筑构件的单独尺寸效应系数的保守误差。
- 消除了全阵风系数模型的非保守误差。
- 应考虑靠近大型内陆湖泊的场地迎风方向地表粗糙度的降低，将湖面宽度大于 1km 的湖泊视为“海洋”，即按照 0 类而不是 I 类来考虑。
- 为了消除非保守误差，增大建筑的扭转允许值。该规定也应适用于桥墩。

但是，对于国家附件范围的限制阻止了一些错误的纠正。本指南提供了处理这些情况的建议，包括以下内容：

- “开敞式”建筑应使用 NCCI 解决。
- 应使用 NCCI 评估无永久包层的格构式结构。
- 选择性主开孔应视为正常使用状况，并具有合适的概率系数、季节系数以及相应的局部荷载系数。

欧洲标准不允许明显的错误被纠正的情况，需要在“共存期”结束时通过修订来解决。同时，根据之前“共存”的经验，如在英国 CP3：ChV：Pt2 与 BS 6399-2 共存的五年，在国家规范被撤销之前，EN 1991-1-4 不太可能被广泛使用，这是因为改变实施标准的成本巨大，这将成为大多数设计公司需要支出的费用。因此，在大多数用户没有来得及影响修订之前，欧洲标准的缺陷不会很明显。

参考文献

1. British Standards Institution (1997) *Loading for Buildings. Part 2: Code of Practice for Wind Loads.* BSI, London, BS 6399-2.

2. Gulvanessian, H., Calgaro, J.-A. and Holicky', M. (2000) *Designers' Guide to EN 1990. Eurocode: Basis of Structural Design.* Thomas Telford, London.

3. European Commission (2003) *Guidance Paper L (Concerning the Constructions Products Directive—89/106/EEC, Application and Use of Eurocodes.* EC, Brussels, ENTR/G5.

4. International Organization for Standardization (1998) *General Principles on Reliability of Structures.* ISO, Geneva, ISO 2394.

5. International Organization for Standardization (1999) *Bases for Design of Structures—Notations—General Symbols. ISO, Geneva*, ISO 3898.

6. International Organization for Standardization (1987) *General Principles on Reliability of Structures—List of Equivalent Terms.* ISO, Geneva, ISO 8930.

7. International Organization for Standardization (2000) *Quality Management and Quality Assurance—Vocabulary.* ISO, Geneva, ISO 8402.

8. Building Research Establishment (1999) *Wind Loading on Buildings, Parts 1-3.* Digest 436. BRE, Watford.

9. Davenport, A. G. (1961) The application of statistical concepts to the wind loading of structures. *Proceedings of the Institution of Civil Engineers*, 19, 449-471.

10. Cook, N. J. and Mayne, J. R. (1980) A refined working approach to the assessment of wind loads for equivalent static design. *Journal of Wind Engineering and Industrial Aerodynamics*, 6, 125-137.

11. Cook, N. J. (1982) Further development of a working approach to the assessment of wind loads for equivalent static design. *Journal of Wind Engineering and Industrial Aerodynamics*, 9, 389-392.

12. European Convention for Constructional Steelwork (1987) *Recommendations for Calculating the Effects of Wind on Constructions.* Technical Committee 12—Wind, Report 52, 2nd edn. ECCS, Brussels.

13. Jackson, P. S. and Hunt, J. C. R. (1975) Turbulent wind flow over a low hill.

Quarterly Journal of the Royal Meteorological Society, 101, 929-955.

14. Dyrbye, C. and Hansen, S. O. (1997) *Wind Loads on Structures*. Wiley, London.
15. Cook, N. J. (1990) *The Designers' Guide to Wind Loading of Building Structures. Part 2: Static Structures*. Butterworths, London.
16. Newberry, C. W. and Eaton, K. J. (1974) *The Wind Loading Handbook. HMSO, London.*
17. Building Research Establishment (1985) *BRE Digest 295: Stability under Wind Load of Loose—laid Insulation Boards*. BRE, Watford.
18. British Standards Institution (2003) *British Standard Code of Practice for Slating and Tiling. Part 1—Design*. BSI, London, BS 5534.
19. British Standards Institution (2005) *Design of Masonry Structures: Common Rules for Reinforced and Unreinforced Masonry Structures*. BSI, London, BS EN 1996-1-1:2005.
20. Cook, N. J. (1999) *Wind Loading —A Practical Guide to BS 6399-2, Wind Loads on Buildings*. Thomas Telford, London.
21. British Standards Institution (In production) *Design of Steel Structures: Towers, Masts and Chimneys, Part 3. 1: Towers and Masts*. BSI, London, prEN 1993-3-1.
22. British Standards Institution (2004) *Scaffolds—Performance Requirements and General Design*. BSI, London, BS EN 12811:2003.
23. Highways Agency (2001) *Design Manual for Roads and Bridges. Vol. 1, Highway Structures: Approval Procedures and General Design. Section 3: General Design. Part 3: Design Rules for Aerodynamic Effects on Bridges*. HMSO, London, BD 49/01.
24. Highways Agency (2001) *Design Manual for Roads and Bridges, Volume 1, Section 3: General Design: Loads for Highway Bridges*. HMSO, London, BD 37/01.

xx. British Standards Institution (2007) *PD 6688, Background Document to National Annex to BS EN 1991-1-4* (in preparation).

yy. ASCE (1999) *Manuals and Reports on Engineering Practice, No. 67. Wind Tunnel Studies of Buildings and Structures.*